CUTE

SIMPLE

自己輕鬆作
簡單&可愛の 收 納 包

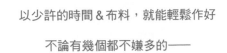

以少許的時間&布料，就能輕鬆作好

不論有幾個都不嫌多的——

小波奇包&適合放在手提包中的收納小袋&袋中袋！

有梯形、扁平四方形的基本包款，也有引人注目的特別包款、

口金包、手提化妝包……涵括了各種豐富的設計。

就算是相同的包款，也會因布料而呈顯出不同的風格，

所以，選擇各種喜愛的花色布料多作幾個吧！

CONTENTS

⊙ 梯形波奇包

只要抓摺出袋底，
就完成了一個簡單的梯形小包。
1 是縫上蕾絲的款式。
2 是以抽摺的碎布塊作成荷葉邊裝飾，
看起來相當可愛。

1.2

👑 作法 P.42

✂ 製作…金丸かほり

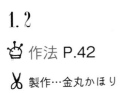

⊙ 滾邊波奇包

以配布在袋口滾邊，作出裝飾重點的小波奇包。
袋底抓了較大的摺角，作出充足的容量，
並裝飾上同色布環。

3

4

3.4 👑 作法 P.44

✂ 製作…金丸かほり

☺ 圓底梯形波奇包

以圓底＆梯形的設計營造出俐落的線條，

並選用單色的小花圖樣，作成適合大人的小品包款。

拉鍊頭上則綁上細細的布條裝飾。

5

作法 P.46

製作…小澤のぶ子

⊞ 牛奶糖波奇包

如牛奶糖的包裝一般，將兩側重疊包起的圓滾滾小物包。
拉鍊的顏色也是配色重點唷！

6

7

6.7

🏰 作法 P.45

✂ 製作⋯福田美穗

☺ 打褶波奇包

在布料剪接下方作打褶設計的波奇包，圓弧袋身使用上更加方便。
選用與花布同色系的點點或是素色布料搭配，營造高級質感。

8

9

8.9

👑 作法 P.50

✂ 製作…酒井三菜子

作法 P.48

製作…福田美穗

10

☺ 圓弧形波奇包

加了拼布棉襯，看起來蓬鬆柔軟的圓弧形小波奇包，
寬口的設計可以放入許多化妝品等小物件，
並在拉鍊頭綁上以刺繡線作成的流蘇裝飾。

11

:) 小波士頓包

帶有織帶提把的波士頓包款造型波奇包,
以素色&格子布搭配組合出可愛的氣息。
如果更換配色,又會呈現完全不同的感覺。
是不是讓人想要多作幾款呢!

♔ 作法 P.51

⋈ 布料…清原   ✂ 製作…金丸かほり

12

☺ 圓筒小提包

有著圓形側幅的圓筒小包。

如果縫上細皮帶作成提把，就可當成小提包使用。

當然也可以不縫提把，直接拿來收納小物喔！

♔ 作法 P.52 ✂ 製作…小澤のぶ子

13

☺ 後背包造型波奇包

後背包造型的小波奇包，
光是用來裝飾也覺得很非常可愛！
但只要穿過皮帶就能把它配戴在身上，
側幅空間也設計得相當充足，使用上非常方便。

👑 作法 P.54　　✂ 製作…福田美穗

⊡ 手提小化妝包

圓形的手提化妝包，

以拉鏈開闔上蓋＆在內側加上內袋的設計，

使用起來十分方便呢！

表布則選擇以鋪棉布來製作。

♔ 作法 P.53　　✂ 製作…西村明子

15

16

☺ 彈簧口金手提包

單手就能打開，很容易使用的彈簧口金包。
縫上織帶提把的設計不僅是可愛而已，
也能讓你從大包中很快地找到它喔！

15.16 ♔ 作法 P.56

▶◀ 彈簧口金…角田商店　　✂ 製作…西村明子

17.18 ☺ P.57

✂ 製作…酒井三菜子

17

18

⊙ 扁平四方形提包

以絨布作為提把的扁平包款小波奇包。
拉鏈只要手縫即可完成，十分簡單。
可以選擇喜愛的布料，作上好幾個呢！

19

⊡ 抽摺波奇包

以滾邊＆布環配布搭配主布，既顯眼又時尚！
稍稍抽摺作出蓬鬆的線條，
也是這款包型的魅力所在。

✄ 作法 P.58

✂ 製作⋯金丸かほり

⊞ 小房子 & 小鞋子の
波奇包

以窗戶&門的貼布繡作出房子風情的小波奇包，
還有小小的芭蕾舞鞋造型包。
盡情地在製作過程中享受配色的樂趣吧！

20

21

♔ 20 作法 P.59
21 作法 P.60

✄ 製作…金丸かほり

22

👑 作法 P.62

✂ 製作…西村明子

😊 手拿包

将简单的四方形小包上方反摺，作成手拿包的样式。
尺寸设计稍大一点，所以出门时只带它就很够用啰！

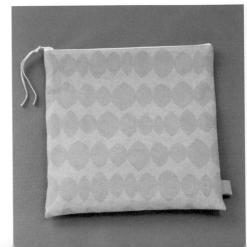

⊞ 扁平波奇包X2

袋口有拉鏈的扁平波奇包。

23附有長長的提繩；

24則另外多設計了一層拉鏈口袋，可以更加方便應用。

23

👑 23 作法 P.63

24 作法 P.64

✂ 製作…福田美穗

24

☺ 口金包

在布料拼接處下緣抽摺，

呈現出的圓弧線條能使人感受到手作的溫暖質感。

加上水兵帶後更顯優雅，

是非常適合作為化妝包的款式。

25

😊 作法 P.65

► 口金框…角田商店　✂ 製作…西村明子

愈是簡單的款式，就更能善加利用喜愛的布料。
加上一點剩下的蕾絲作為裝飾也很不錯呢！

26

27

26.27

🏺 作法 P.66

🎀 口金框…角田商店

✂ 製作…西村明子

29

28

30

⊡ 粽子包

摺疊長方形的布料＆縫合兩側，
粽子包就完成了！
一側則以配布滾邊作出裝飾效果。

28. 29. 30 ☺ 作法 P.68

✄ 製作⋯酒井三菜子

32

31

☺ 面紙套造型收納包

直接摺疊布料並在開口處縫上拉鍊，
作成如面紙套般的小收納包。
兩側再以配布包邊，就可以輕鬆完成的簡單設計。

31. 32 ✄ 作法 P.69

✄ 製作…（31）福田美穗 　（32）中村早繪

33

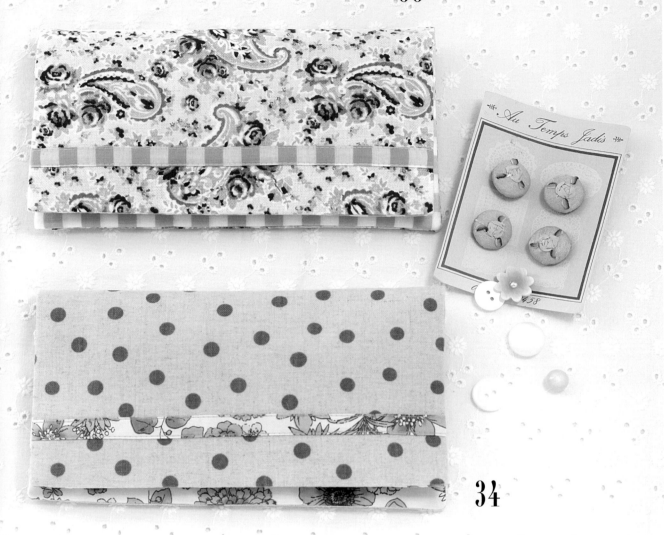

34

 長夾

以喜歡的布料作成長夾。

裡面有著不需摺疊就能直接放入紙鈔的夾層＆放置卡片的口袋。

還有可以分開收納收據發票的夾層，機能性相當高！

33.34 作法 P.24

製作⋯清野孝子

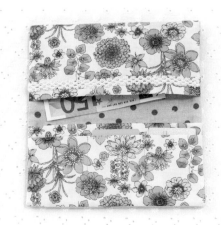

36

⊙ 面紙包X3

35 是利用拉鍊開闔的波奇包設計。

36 設計為打開袋蓋之後,

附有收納手帕的夾層口袋。

37 則是只能收納隨身面紙的基本款。

35

37

35 作法 P.70　36 作法 P.25　37 作法 P.43

製作…清野孝子

37

35

36

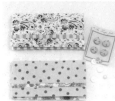

■ 33・34の材料（1個）
A布（33 碎花棉布・34 點點棉布）　45×25cm
B布（33 格子棉布・34 碎花棉布）　70×25cm
布襯　70×25cm
蕾絲（10mm寬）　25cm
◆製圖不含縫份。除了布條的縫份為0.5cm之外，
其餘皆加上1cm縫份之後再裁剪布料。

作法　◆製作之前◆先在B布上燙貼布襯。

1 製作布條＆縫於表袋身正面。

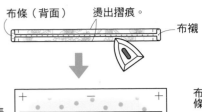

布條（背面）　燙出摺痕。　布襯

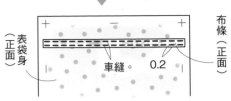

表袋身（正面）　布條（正面）
車縫　0.2

製圖

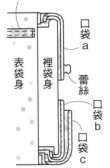

2.5
布條1cm
（只在表袋身）
表袋身・裡袋身
（A布2片）
22
20

布條　表袋身　裡袋身　口袋a　蕾絲　口袋b　口袋c

布條（B布1片・布襯1片）　0.2
1
（　）
20

2 在口袋a上加縫蕾絲。

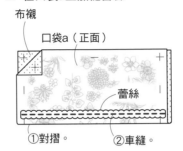

布襯　口袋a（正面）
蕾絲
①對摺。　②車縫。

3 縫合口袋b＆c。

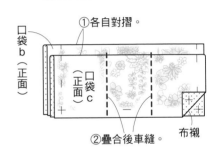

①各自對摺。
口袋b（正面）　口袋c（正面）
②疊合後車縫。　布襯

口袋a・b（B布2片・布襯2片）

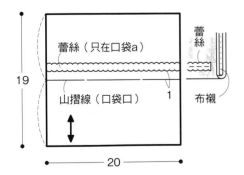

蕾絲（只在口袋a）
山摺線（口袋口）　1
19
20
蕾絲　布襯

4 將口袋縫在裡袋身上。

沿著記號邊緣車縫。

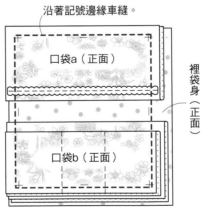

口袋a（正面）
口袋b（正面）
裡袋身（正面）

5 縫合步驟4的成品＆表布。

留10cm返口不車縫。

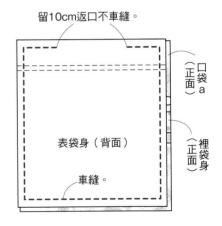

口袋a（正面）　裡袋身（正面）
表袋身（背面）
車縫。

口袋c（B布1片・布襯1片）

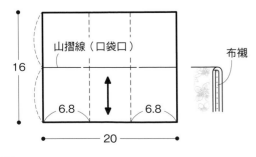

山摺線（口袋口）
16
6.8　6.8
20
布襯

6 縫合返口。

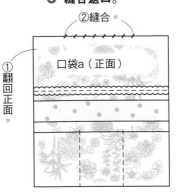

②縫合。
①翻回正面。
口袋a（正面）

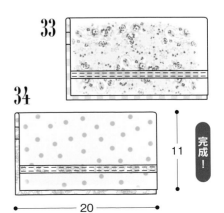

33

34
11
20
完成！

■ 材料
A布（條紋棉布） 30×25cm
B布（碎花棉布） 30×25cm
裝飾圖樣 （熨貼式）1片
◆製圖不含縫份。
請外加1cm縫份之後再裁剪布料。

製圖

上口袋（A布1片）

13.5
山摺線
（口袋口）
4.5　　　0.2
開口
12

裡口袋（B布1片）

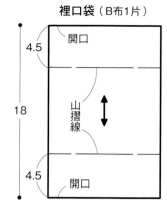

4.5
開口
18
山摺線
4.5
開口
12

表袋身（A布1片）
裡袋身（B布1片）

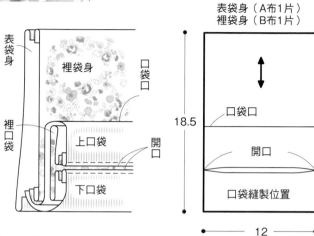

18.5
口袋口
開口
口袋縫製位置
12

下口袋（A布1片）

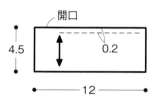

開口
4.5　　　0.2
12

作法

1 縫合裡口袋＆上、下口袋。

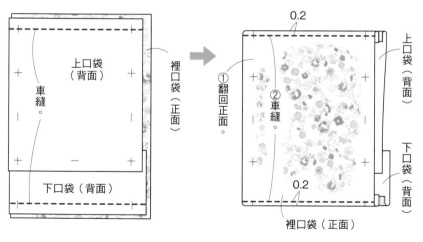

上口袋（背面）
車縫
下口袋（背面）
裡口袋（正面）

0.2
①翻回正面。
②車縫
上口袋（背面）
下口袋（背面）
0.2
裡口袋（正面）

2 摺疊口袋＆車縫於裡袋身上。

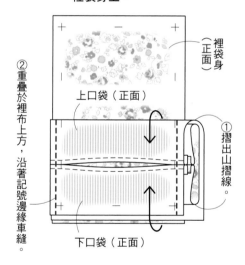

②重疊於裡布上方，沿著記號邊緣車縫。
裡袋身（正面）
上口袋（正面）
①摺出山摺線。
下口袋（正面）

3 縫合步驟2的成品＆表袋身。

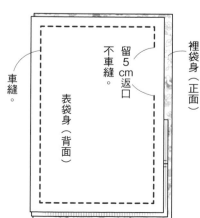

車縫。
留5cm不車縫返口
表袋身（背面）
裡袋身（正面）

4 縫合返口。

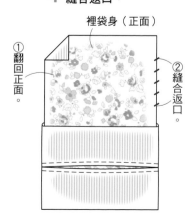

裡袋身（正面）
①翻回正面。
②縫合返口。

5 將裝飾圖樣熨貼於表袋身上。

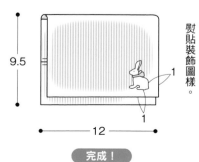

9.5
熨貼裝飾圖樣
1
1
12

完成！

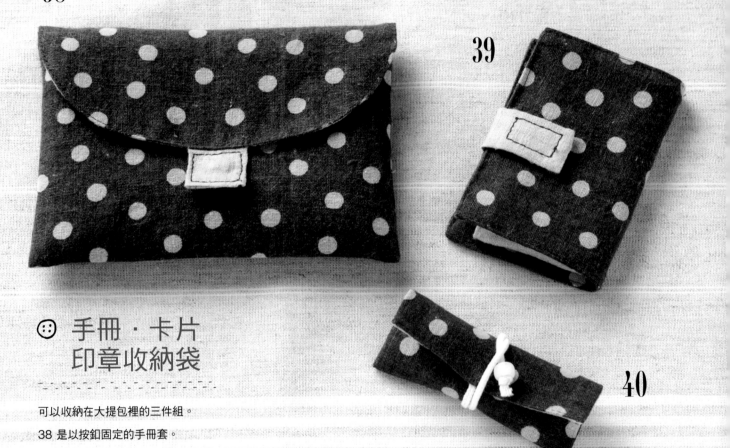

♕ 38 作法 P.28

39 作法 P.29

40 作法 P.75

✂ 製作…小澤のぶ子

38

39

40

◉ 手冊・卡片
印章收納袋

可以收納在大提包裡的三件組。

38 是以按鈕固定的手冊套。

39 是以魔鬼氈開闔的卡片收納袋。

40 則是以繩子纏捲固定的印章收納袋。

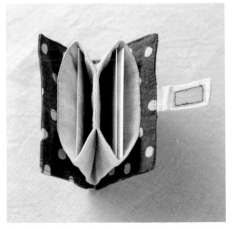

41 作法 P.71　42 作法 P.72

製作…（41）小澤のぶ子　（42）吉澤瑞惠

41

42

☺ 小手冊＆飾品
收納袋

以蝴蝶結裝飾的少女心手冊套＆效果搶眼的格子包邊飾品收納袋，
都是以按釦固定的設計。

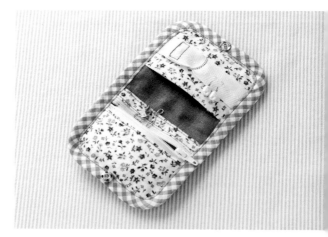

■ 材料
A布（點點棉麻布） 20×35cm
B布（素色麻布） 20×40cm
按釦（直徑12mm） 1組
◆製圖不含縫份。
請另加1cm縫份之後再裁剪布料。
◆袋蓋原寸紙型請見P.88。

作法

1 製作布環&縫至袋蓋上。

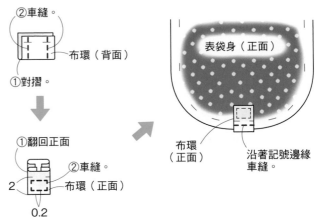

②車縫。
布環（背面）
①對摺。

①翻回正面
②車縫。
2
布環（正面）
0.2

表袋身（正面）

布環（正面）
沿著記號邊緣車縫。

製圖

表袋身（A布1片）
裡袋身（B布1片）

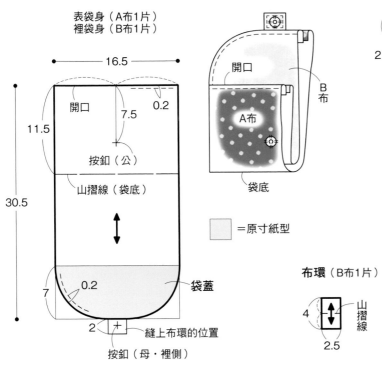

16.5
開口
0.2
11.5
7.5
按釦（公）
山摺線（袋底）
30.5
7
0.2
袋蓋
2
縫上布環的位置
按釦（母・裡側）

開口
A布
B布
袋底

=原寸紙型

布環（B布1片）
4
山摺線
2.5

2 預留返口，車縫袋口。

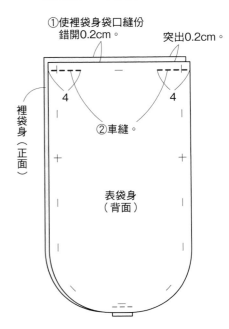

①使裡袋身袋口縫份錯開0.2cm。
突出0.2cm。
裡袋身（正面）
4
4
②車縫。
表袋身（背面）

3 翻回正面之後摺至袋底，從脇邊開始車縫至袋蓋。

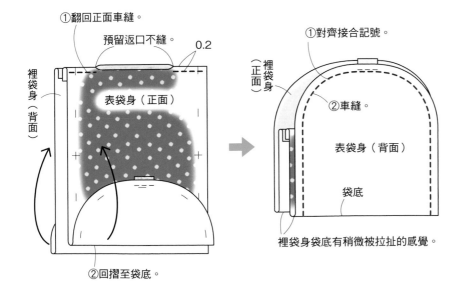

①翻回正面車縫。
預留返口不縫。
0.2
裡袋身（背面）
表袋身（正面）
②回摺至袋底。

①對齊接合記號。
裡袋身（正面）
②車縫。
表袋身（背面）
袋底
裡袋身袋底有稍微被拉扯的感覺。

4 車縫袋蓋&返口，並縫上按釦。

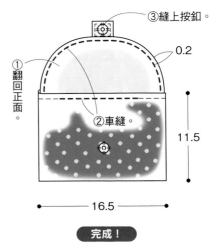

③縫上按釦。
0.2
①翻回正面。
②車縫。
11.5
16.5

完成！

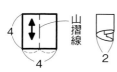

製圖

布環（B布1片）

山摺線

4

4

2

口袋（B布2片）

口袋口

山摺線

0.2

12

縫製位置

口袋口

20

表袋身・裡袋身（A布2片）

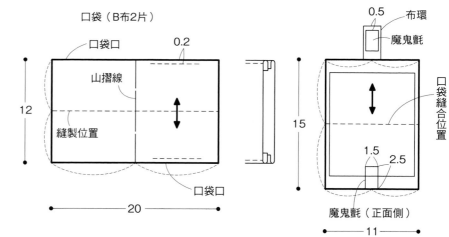

0.5

布環

魔鬼氈

15

口袋縫合位置

1.5

2.5

魔鬼氈（正面側）

11

■ **材料**

A布（點點棉麻布）　30×20cm
B布（素色麻布）　45×20cm
魔鬼氈（25mm寬）　1.5cm

◆製圖不含縫份。
請另加1cm縫份之後再裁剪布料。

作法

1 製作布環。

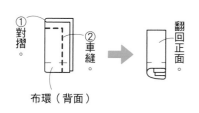

①對摺。
②車縫。
布環（背面）
翻回正面。

2 夾入布環車縫袋身。

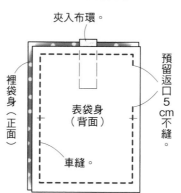

夾入布環。
裡袋身（正面）
表袋身（背面）
車縫。
預留返口5cm不縫。

3 翻回正面，縫上魔鬼氈。

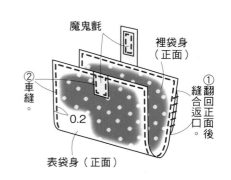

魔鬼氈
裡袋身（正面）
②車縫。
0.2
表袋身（正面）
①翻回正面縫合返口後

4 縫製口袋。

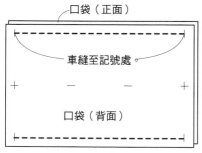

口袋（正面）
車縫至記號處。
口袋（背面）

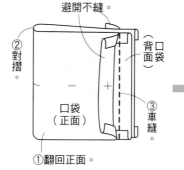

避開不縫。
②對摺。
口袋（背面）
口袋（正面）
③車縫。
①翻回正面。

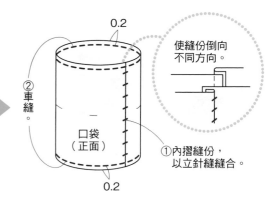

0.2
②車縫。
口袋（正面）
0.2
使縫份倒向不同方向。
①內摺縫份，以立針縫縫合。

5 將口袋縫於主體布上。

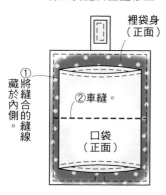

裡袋身（正面）
①將藏於內側的縫合的縫線
②車縫。
口袋（正面）

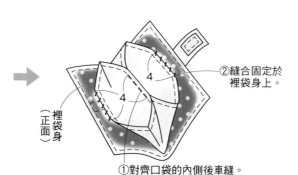

②縫合固定於裡袋身上。
4
4
裡袋身（正面）
①對齊口袋的內側後車縫。

完成！

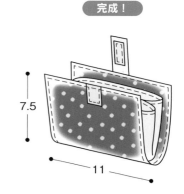

7.5

11

作法 P.74

製作…清野孝子

43

☺ 數位相機 & 手機套

收納貴重的數位相機 & 智慧型手機的袋子，首重機能性的設計。

43の相機收納套附有可以掛在脖子上的掛繩。

44の手機套一側附有收納耳機的口袋。

45の相機收納套則附有一條長長的，可穿過手腕的手繩。

44

45

44
作法 P.76
製作…千葉美枝子

45
作法 P.74
製作…清野孝子

⊙ 彈簧口金包＆書衣

以可愛的印花布製作而成的彈簧口金包＆書衣組合。
重點部位使用素色布料，使整體顯得更清爽＆俐落。

46

47

為了不使書衣在包包內鬆開，
以鬆緊繩＆鈕釦固定吧！

🐤 **46** 作法 P.77　　**47** 作法 P.78

✂ 製作…（46）金丸かほり　（47）中村早繪

⊞ 筆袋 & 書衣

48與49是黑白色調的北歐風印花 & 黑色素布的組合，
帶有點大人風味的書衣 & 筆袋。

50の筆袋設計則以黑白格子凸顯出紅色刺繡。

48

49

50

♔ 48 作法 P.78

49 作法 P.79

50 作法 P.80

✂ 製作…千葉美枝子

☺ 祖母包造型の
袋中袋

輕鬆地裝著錢包&行事曆小冊子の
祖母包造型袋中袋。
如果要到離家不是太遠的地方購物或散步，
提著它就能出門囉！

作法 P.82

✂ 製作…清野孝子

51

⊡ 提把袋中袋

大點點圖樣的袋中袋，
外側有夾層口袋等機能性設計，
還有放入提包內也不會阻礙空間的
隱藏提把。

作法 P.81

✂ 製作…吉澤瑞惠

52

53

作法 P.84

布料…清原

製作…吉澤瑞惠

斜背波奇包

可以斜背的小包，旅行時十分方便！
扁平的包款設計，可以與身體線條貼合。

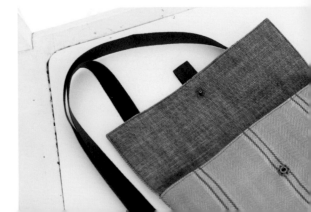

在袋口處配上漂亮顏色拉鏈的肩背包，
是包內就算裝有貴重物品
也能安心的設計。
推薦選用對比強烈的
鮮豔配色＆圖樣布料來製作。

54

55

54. 55

♛ 作法 P.85

✄ 布料・拉鍊…清原

✄ 製作…西村明子

56. 57. 58
🏺 作法 P.40
✂ 製作…千葉美枝子

57

58

56

☺ 御守小袋

利用剩餘的小碎布就能完成御守小袋。
以蕾絲或織帶裝飾，
就成了具有個人風格的作品。
也可以用來裝能量石呢！

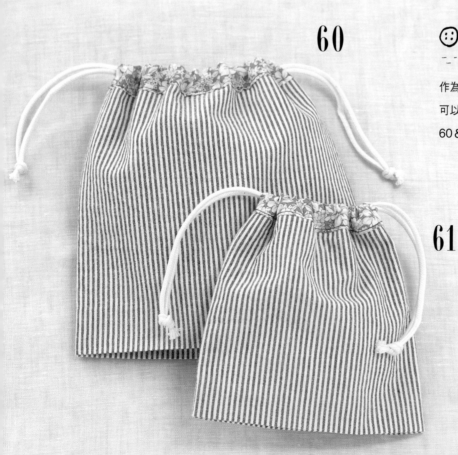

59
♔ 作法 P.86
✂ 製作…吉澤瑞惠

60.61
♔ 作法 P.87
✂ 製作…（60）中村早絵
　　　　（61）吉澤瑞惠

59

60

61

⊡ 束口袋X3

作為小波奇包使用的束口袋，不論擁有幾個都不嫌多。
可以設計不同尺寸＆花色，讓人想要多作好多個哩！
60＆61是下襬往上摺，帶有底寬的款式。

■ 56・57・58の材料（1個）
表布（印花棉布） 10×20cm
裡布（棉布） 10×20cm
布襯 10cm×20cm
56蕾絲 （10mm寬） 15cm
57・58織帶 （10mm寬） 15cm
圓繩（粗3mm） 60cm
◆製圖不含縫份。
請另加0.5cm縫份之後再裁剪布料。

製圖

表布
裡布
布襯

表袋身（表布1片・布襯1片）
裡袋身（裡布1片）

18

0.5
0.5

山摺線（袋底）

5.5

作法

1 縫合袋口。

①燙貼布襯。
②車縫。
裡袋身（正面）
表袋身（背面）
②車縫。

2 對齊縫線處，將表袋身&裡袋身對摺。

袋底
裡袋身（背面）
①對齊縫線。
表袋身（背面）
5
②車縫。
袋底

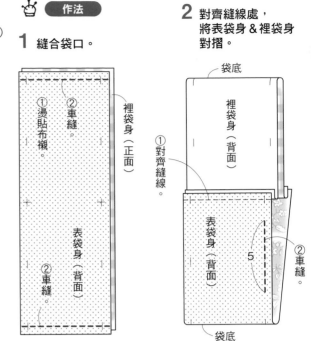

3 車縫脇邊線。

表袋身（背面）
與裡袋身一起車縫。
在裡袋身留返口。
裡袋身（背面）

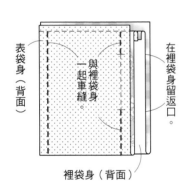

4 縫合返口，車縫袋底摺角。

①翻回正面。
表袋身（正面）
②立針縫。
③對齊袋底&脇邊。
裡袋身（正面）
④與表袋身一起車縫。
1

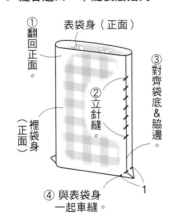

5 翻回到表袋身正面縫上蕾絲，並將袋口往內摺。

②往內摺。
1.5
2
表袋身（正面）
①縫合一圈。
蕾絲
1.5
袋底

後側

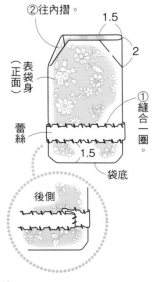

6 穿過御守結。

③打結。
④兩條繩子一起打結。
1
0.8
①以錐子刺穿整個袋身布料，穿出兩個洞。
②將御守結穿過小孔。
9
5.5

完成！

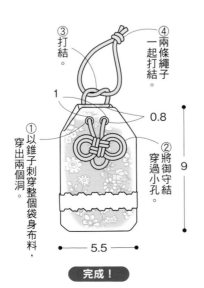

＊御守結の作法＊

❶ ①對摺60cm的圓繩（中國結繩）。②以珠針固定。14cm ③往上摺。

❷ 從後方穿出環的中央。

❸ 往左摺。

❹ 從環的下方穿出。

❺ 以上方的繩子穿出。

❻ 把環拉到一樣大小。

❼ 整體翻至背面側。〈背面〉環 穿過環。

❽ 〈正面〉

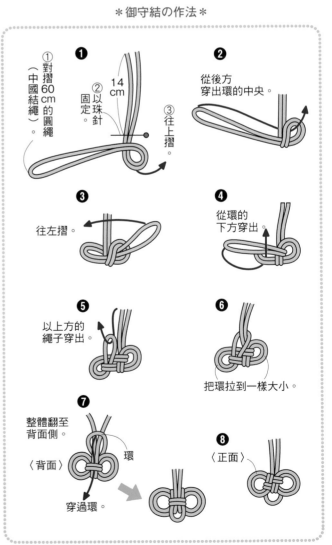

製圖記號

完成線	導引線	摺雙線	摺山線	鈕釦	按釦
——————	——— ———	— — — —	— ‧ — ‧ — ‧ —	◯	✛

布紋線（箭頭方向為布紋）		等分線‧表示相同尺寸	褶襉の摺疊方式
←————→	————→	⌣⌣	◨ ➡ ⌐

如何閱讀製圖＆裁剪方式

本書的製圖＆紙型皆不含縫份。縫份尺寸皆載明於作法頁面上，請依照作法中的說明另加縫份之後再裁剪布料。

標示範例

◆製圖不含縫份。
　請另加◯內的縫份尺寸之後再裁剪布料。

◆製圖不含縫份。
　請另加1cm縫份之後再裁剪布料。

製圖

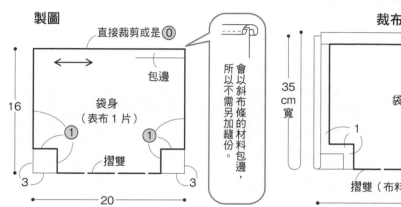

直接裁剪或是◯
包邊
袋身
（表布1片）
16
①　①
摺雙
3　3
20

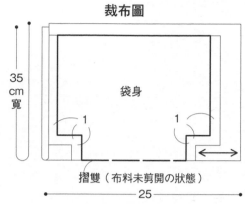

會以斜布條的材料包邊，所以不需另加縫份。

裁布圖

35cm寬
袋身
1　1
摺雙（布料未剪開の狀態）
25

車縫重點

* 始縫點&止縫點

始縫點&止縫點皆需回針。回針意指在同一段縫線上重覆來回車縫2至3次。

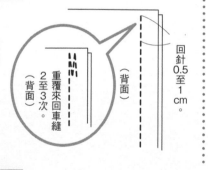

（背面）
重覆來回車縫2至3次。
（背面）
（背面）
回針0.5至1cm。

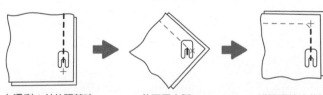

＊轉角の車縫方式 轉角處少車縫1針，作品翻回正面時可以翻出漂亮的直角。

在還剩1針的距離時，維持下針狀態抬起壓布腳，直接旋轉布料調整方向。

放下壓布腳，斜斜地車縫1針。

維持下針的狀態，抬起壓布腳，直接旋轉布料調整方向。

基本手縫

＊平針縫（縫製）

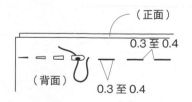

（正面）
0.3至0.4
（背面）
0.3至0.4

＊細針目平針縫（以細針目縫縫）

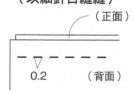

（正面）
0.2　（背面）

＊疏縫（以粗針目縫製）

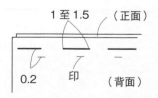

1至1.5　（正面）
0.2　印　（背面）

＊回針縫

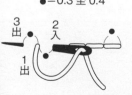

●＝0.3至0.4
3出
2入
1出

＊立針縫

斜布條（正面）
縫合其餘未縫合的部位。
0.1
0.3至0.4
0.3至0.4
（背面）
（正面）

＊不會看見縫線的藏針縫（對針縫）

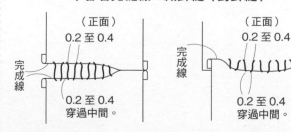

（正面）
0.2至0.4
完成線
0.2至0.4
穿過中間。

（正面）
0.2至0.4
完成線
0.2至0.4
穿過中間。

P.2 **1**

P.2 **2**

■ 1の材料
表布（素色麻布）20×30cm
裡布（印花棉布）20×30cm
蕾絲（30mm寬）40cm
拉鍊（20cm・可裁剪使用の款式）1條
◆製圖不含縫份。
請另加1cm縫份之後再裁剪布料。

■ 2の材料
A布（8oz 丹寧布）20×30cm
B布（印花棉布）5×35cm
C布（格子棉布）25×35cm
拉鍊（20cm・可裁剪使用の款式）1條
◆製圖不含縫份。
除了荷葉邊a・b之外，其餘皆請另加1cm縫份後再裁剪布料。

1の製圖

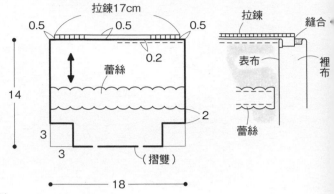

表袋身（表布1片）　　裡袋身（裡布1片）

2の製圖

表袋身（A布1片）　　裡袋身（C布1片）

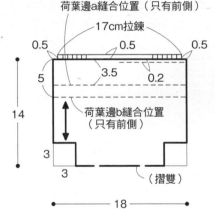

荷葉邊a（B布1片）

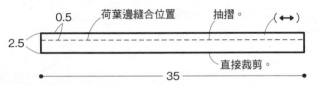

荷葉邊b（C布1片）

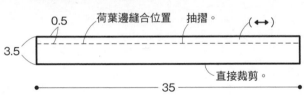

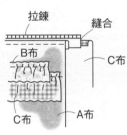

👑 **作法** （共通）**1** 在1の正面縫上蕾絲，2則是縫上荷葉邊。

〈1の作法〉
縫上蕾絲。

〈2の作法〉
製作＆縫上荷葉邊。（荷葉邊b的作法亦同）

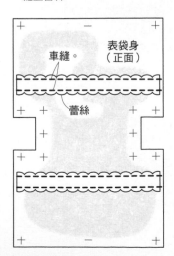

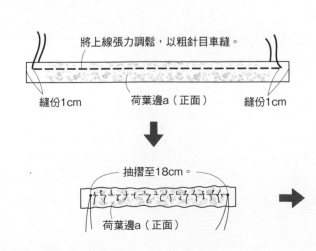

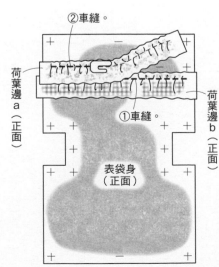

2 縫上拉鍊。

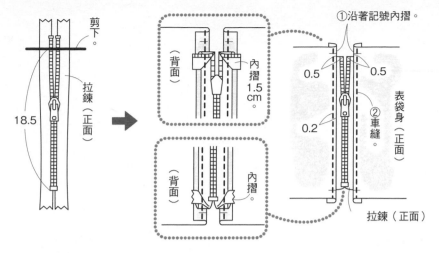

剪下。
18.5
拉鍊（正面）

（背面） 內摺1.5cm。

（背面） 內摺。

①沿著記號內摺。
0.5　0.5
0.2
②車縫。
表袋身（正面）
拉鍊（正面）

3 車縫表袋身脇邊線＆袋底側幅。

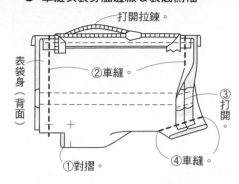

打開拉鍊。
表袋身（背面）
②車縫。
③打開
④車縫。
①對摺。

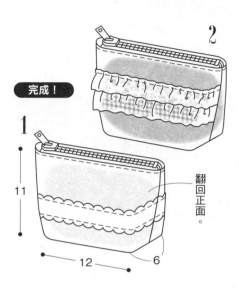

2

完成！

1

11
12　6
翻回正面。

4 車縫裡袋身脇邊線＆袋底側幅，再將袋口內摺。

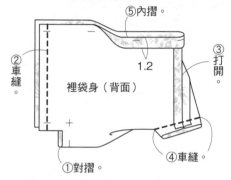

②車縫。
⑤內摺。
1.2
裡袋身（背面）
③打開
①對摺。
④車縫。

5 以立針縫將裡袋身縫於表袋身上。

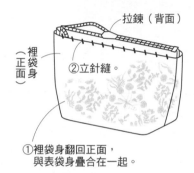

拉鍊（背面）
裡袋身（正面）
②立針縫。
①裡袋身翻回正面，與表袋身疊合在一起。

P.23 **37**

■ 材料
表布（印花棉布） 15×40cm
蕾絲（9mm寬） 15cm
◆製圖不含縫份。
請另加1cm縫份之後再裁剪布料。

製圖

袋身（表布1片）

下方
上方

上方（摺雙）　0.7蕾絲
0.1　5
山摺線
19
0.2　5
下方
12

作法

1 縫合袋口。

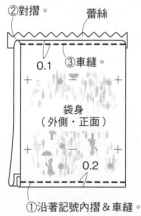

②對摺。
蕾絲
0.1
③車縫。
袋身（外側・正面）
0.2
①沿著記號內摺＆車縫。

2 車縫脇邊線。

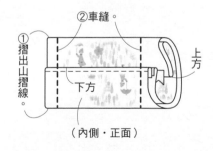

②車縫。
①摺出山摺線。
上方
下方
（內側・正面）

3 在縫份上作Z字形車縫。

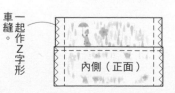

車縫一起作Z字形
內側（正面）

4 翻回正面。

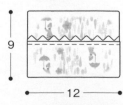

9
12

完成！

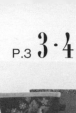

P.3 **3・4**

■ **3・4**の材料（1点分）
A布（**3**印花棉布・**4**素色麻布） 20×45cm
B布（**3**素色麻布・**4**印花棉布） 25×40cm
拉鍊 （20cm）1條
◆製圖不含縫份。
請依照◯內的尺寸另加縫份之後再裁剪布料。

製圖

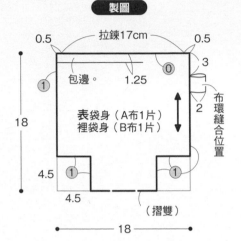

0.5　拉鍊17cm　0.5
　　　　　　　　　　　　　3
包邊。　1.25　　◯0
◯1
18
表袋身（A布1片）
裡袋身（B布1片）
2
布環縫合位置
4.5　◯1　　◯1
4.5
（摺雙）
18

B布
拉鍊
縫合。
A布
B布

包邊布（B布1片）

5　◯0　　←→　　◯0
38

布環（A布1片）
◯1
4　山摺線
←→　　　2
4　◯1

3 製作包邊布。

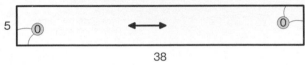

①在正中心製作記號。　包邊布（正面）
（背面）
②往內摺時，布邊與中心記號
保留一點點距離。

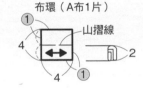

①對摺。　②車縫。
　　　　　　　1
（背面）
③打開。

5 縫上包邊布。

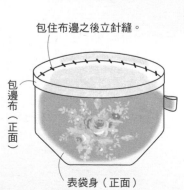

包住布邊之後立針縫。
包邊布（正面）
表袋身（正面）

6 縫上拉鍊。

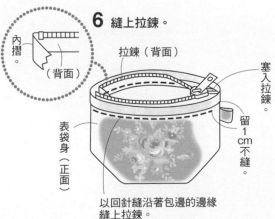

內摺。
（背面）

拉鍊（背面）
塞入拉鍊。
表袋身（正面）
留1cm不縫。
以回針縫沿著包邊的邊緣
縫上拉鍊。

作法

1 縫製布環。

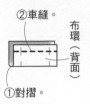

②車縫。
布環（背面）
①對摺。

翻回正面。

對摺。

2 車縫脇邊線＆袋底側幅。

表袋身（背面）
夾入布環。（只有表袋身）
②車縫。
①對摺。

表袋身（背面）
①打開。
②車縫。

4 將袋口包邊。

①重疊放置表袋身、裡袋身、包邊布。
裡袋身（正面）
包邊布（背面）
表袋身（正面）
②對齊布邊車縫於摺線上。

完成！

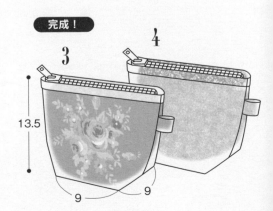

3　　4
13.5
9　　9

44

P.5 6・7

■ **6・7の材料（1個）**

表布（6印花棉布・7點點棉布）25×35cm
裡布（6點點棉布・7格子棉布）30×35cm
7の織帶（18mm寬）15cm
拉鍊（20cm）1條
◆製圖不含縫份。請另加1cm縫份之後再裁剪布料。

製圖

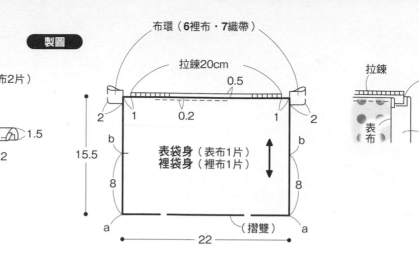

6の布環（裡布2片）
← 4 →
3 ←→ 1.5
0.2

布環（6裡布・7織帶）
拉鍊20cm
0.5
2　1　0.2　1　2
b　b
15.5
表袋身（表布1片）
裡袋身（裡布1片）
8　8
a　（摺雙）　a
22

拉鍊　縫合。
表布　裡布

袋身（表布1片）

作法

1 將表袋身縫上拉鍊。

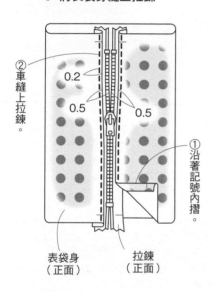

②車縫上拉鍊。
0.2
0.5　0.5
①沿著記號內摺。
表袋身（正面）
拉鍊（正面）

2 製作布環。（只有作品6）

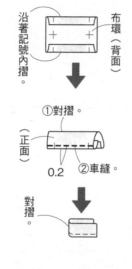

沿著記號內摺。
布環（背面）
①對摺。
（正面）
0.2　②車縫。
對摺。
對摺

3 將表袋身依圖示摺疊＆夾入布環，再車縫兩脇邊。

①摺疊a&b，使其與拉鍊中心對齊。

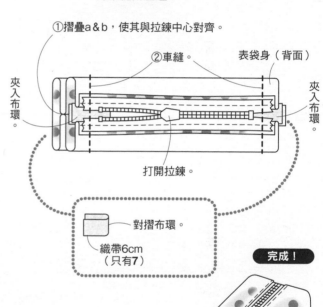

②車縫。
表袋身（背面）
夾入布環。
夾入布環。
打開拉鍊。

對摺布環。
織帶6cm（只有7）

完成！

4 將裡袋身依圖示摺疊＆車縫兩脇。

②摺疊a與b使其對齊。
①內摺縫份。
1.2
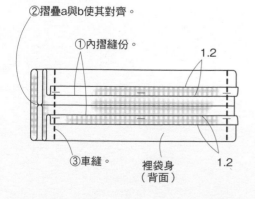
③車縫。
裡袋身（背面）
1.2

5 袋身形狀完成之後，重疊表、裡袋身，以立針縫固定＆翻回正面。

拉鍊（背面）

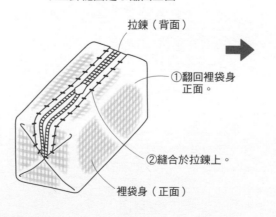

①翻回裡袋身正面。
②縫合於拉鍊上。
裡袋身（正面）

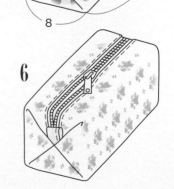

7
8　8　14
6

■ 材料

表布（印花麻布）35×30cm
裡布（格子棉布）35×30cm
拉鍊（20cm）1條
織帶（5mm寬）25cm
◆製圖不含縫份。
　請另加1cm縫份之後再裁剪布料。
◆原寸紙型請參見P.47。

👑 作法

1 將表袋身側片縫上拉鍊。

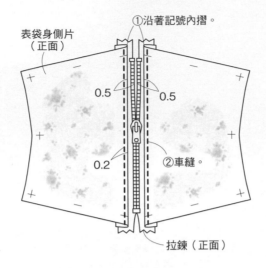

表袋身側片
（正面）

①沿著記號內摺。

0.5　0.5

0.2　②車縫。

拉鍊（正面）

2 車縫表袋身側片脇邊線。

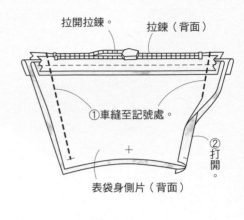

拉開拉鍊。　拉鍊（背面）

①車縫至記號處。

②打開。

表袋身側片（背面）

3 車縫裡袋身側片脇邊線 &
摺疊袋口。

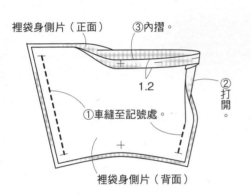

裡袋身側片（正面）　③內摺。

1.2

①車縫至記號處。　②打開。

裡袋身側片（背面）

4 縫合表袋身袋底 &
表袋身側片。

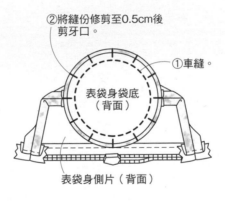

②將縫份修剪至0.5cm後剪牙口。

①車縫。

表袋身袋底（背面）

表袋身側片（背面）

5 縫合裡袋身袋底 &
裡袋身側片。

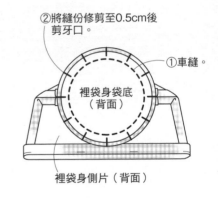

②將縫份修剪至0.5cm後剪牙口。

①車縫。

裡袋身袋底（背面）

裡袋身側片（背面）

6 將裡袋身縫合於表袋身上。

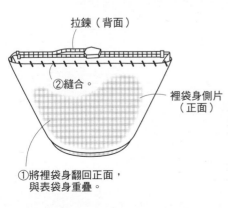

拉鍊（背面）

②縫合。

裡袋身側片（正面）

①將裡袋身翻回正面，與表袋身重疊。

③穿過環。

②穿過拉鍊頭。

①對摺25cm的緞帶。

7 翻回正面，
將拉鍊頭穿上
裝飾緞帶。

11.5

← 直徑10 →

完成！

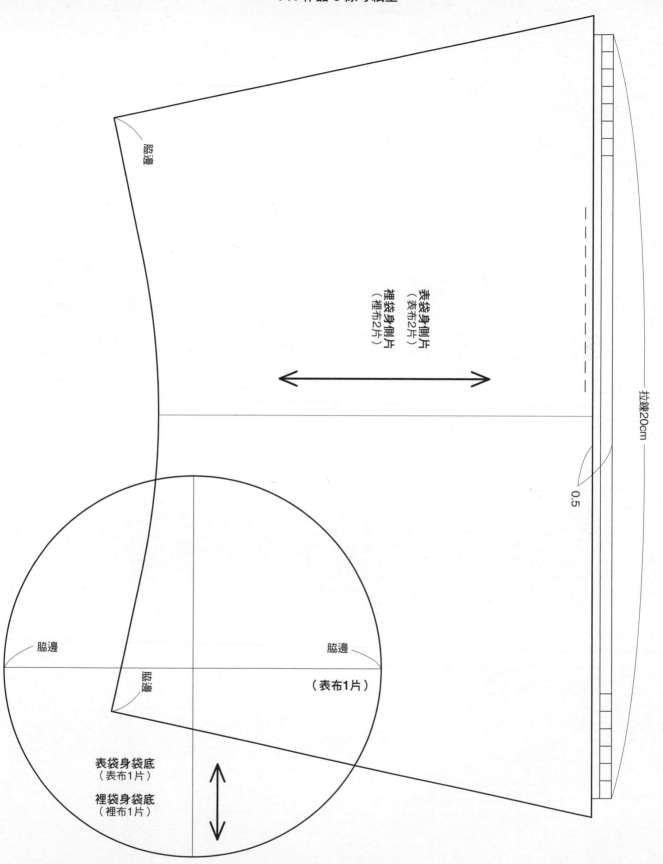

表袋身側片
（表布2片）

裡袋身側片
（裡布2片）

脇邊

拉鏈20cm

0.5

脇邊

脇邊

脇邊

（表布1片）

表袋身袋底
（表布1片）

裡袋身袋底
（裡布1片）

■ 材料
表布（印花棉布）35×30cm
裡布（素色棉布）35×30cm
棉襯 35×30cm
拉鍊（20cm・可裁剪使用の款式）1條
25號刺繡線 粉紅色
◆製圖不含縫份。
請另加1cm縫份之後再裁剪布料。
表布側幅靠近拉鍊側的棉襯不需另加縫份。

作法 ◆開始製作前◆先在表袋身的布片上燙貼布襯。

1 將表布側幅縫上拉鍊。

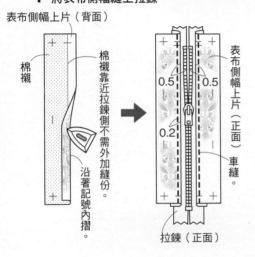

表布側幅上片（背面）
棉襯
棉襯靠近拉鍊側不需外加縫份。
沿著記號內摺。
0.5　0.5
0.2
表布側幅上片（正面）
車縫。
拉鍊（正面）

2 縫合裡布側幅＆步驟1完成的布片。

裡布側幅上片（背面）
內摺1.2cm。
縫合。
裡布側幅上片（正面）
表布側幅上片（背面）
拉鍊（背面）

3 以表布＆裡布側幅下片
將步驟2作好的側幅夾住之後車縫。

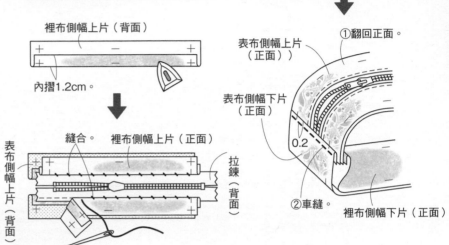

表布側幅上片（正面）
車縫　車縫
表布側幅下片（背面）
裡布側幅下片（正面）
棉襯

①翻回正面。
表布側幅上片（正面）
表布側幅下片（正面）
0.2
②車縫。
裡布側幅下片（正面）

4 將步驟3作好的側幅與袋身縫合。

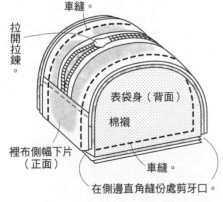

車縫。
拉開拉鍊。
表袋身（背面）
棉襯
裡布側幅下片（正面）
車縫。
在側邊直角縫份處剪牙口。

5 將裡袋身縫份內摺，
與步驟4作好的部份縫合在一起。

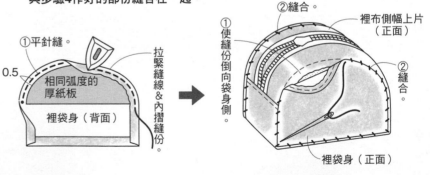

①平針縫。
0.5
相同弧度的厚紙板
裡袋身（背面）
拉緊縫線＆內摺縫份。

①使縫份倒向袋身側。
②縫合。
裡布側幅上片（正面）
②縫合。
裡袋身（正面）

6 製作流蘇＆裝飾裝於拉鍊頭上。

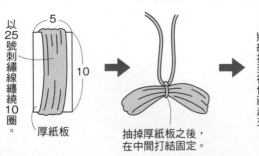

以25號刺繡線纏繞10圈。
5
10
厚紙板
抽掉厚紙板之後，在中間打結固定。
①對摺。
②牢牢捲拉到裡側之後打死結固定，
③修剪整齊。
0.8
4
穿過拉鍊頭。
依喜歡的長度打結固定。

完成！

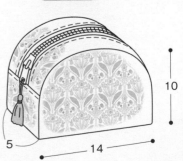

10
5
14

P.7 作品 10 原寸紙型

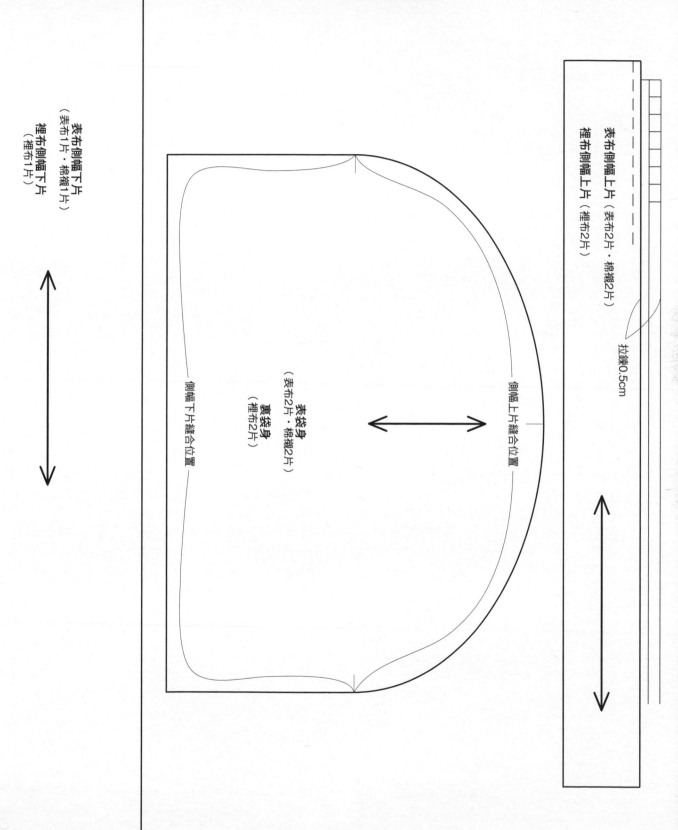

表布側幅上片（表布2片・棉襯2片）
裡布側幅上片（裡布2片）

拉鍊0.5cm

表布側幅下片
（表布1片・棉襯1片）
裡布側幅下片
（裡布1片）

側幅上片縫合位置

表袋身
（表布2片・棉襯2片）
裏袋身
（裡布2片）

側幅下片縫合位置

49

■ 8・9の材料（1個）
A布（8印花棉布・9素色麻布）25×25cm
B布（8點點棉布・9印花棉布）25×50cm
布襯 20×25cm
拉鍊（20cm・可裁剪使用的款式）1條
◆製圖不含縫份。
請另加1cm縫份之後再裁剪布料。

製圖

袋口布（B布4片・布襯4片）

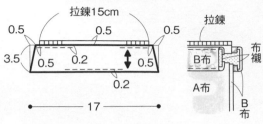

拉鍊15cm
0.5　0.5　0.5
3.5　0.5　0.2　0.5
0.2
17

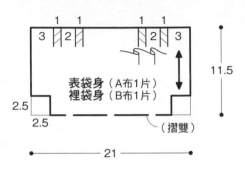

拉鍊
布襯
B布
A布
B布

1　1　　1　1
3　2　　2　3
表袋身（A布1片）
裡袋身（B布1片）
2.5
2.5　（摺雙）
11.5
21

作法　◆開始製作前◆先在袋口布上燙貼布襯。

1 將拉鍊縫到袋口布上。

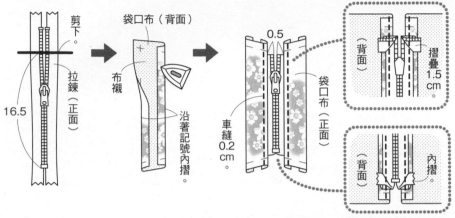

剪下。
拉鍊（正面）
16.5
袋口布（背面）
布襯
沿著記號內摺。
0.5
車縫0.2cm。
袋口布（正面）
（背面）
摺疊1.5cm。
（背面）
內摺

2 縫製摺襉。
（裡袋身作法亦同）

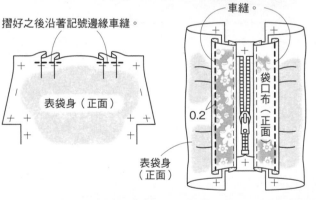

摺好之後沿著記號邊緣車縫。
表袋身（正面）
表袋身（正面）

3 對齊縫合袋口布 & 表袋身。

車縫。
0.2
袋口布（正面）
表袋身（正面）

4 車縫表袋身脇邊線 & 袋底側幅。

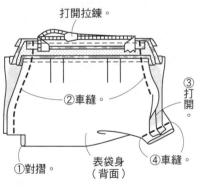

打開拉鍊。
②車縫。
③打開。
④車縫。
①對摺。
表袋身（背面）

5 對齊縫合袋口布 & 裡袋身。

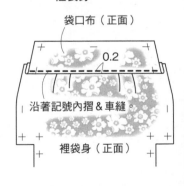

袋口布（正面）
0.2
沿著記號內摺 & 車縫
裡袋身（正面）

6 車縫裡袋身脇邊線 & 袋底側幅，再將袋口內摺。

袋口布（背面）
⑤內摺。1.2
③打開。
②車縫。
①對摺。
裡袋身（背面）
④車縫。

7 將裡袋身縫合固定於表袋身上。

拉鍊（背面）
袋口布（正面）
②縫合。
裡袋身（正面）
①將裡袋身翻回正面，與表袋身重疊。

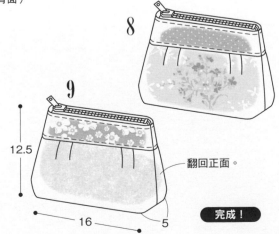

8

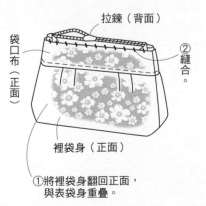

9
12.5
翻回正面。
16　5

完成！

■ 材料
A布（格子棉布）25×20cm
B布（素色棉布）25×45cm
布襯（薄）25×30cm
織帶（11mm寬）50cm
拉鍊（20cm）1條
◆製圖不含縫份。
請另加1cm縫份之後再裁剪布料。

 作法

■ 製圖

表袋身　　★＝提把縫合位置

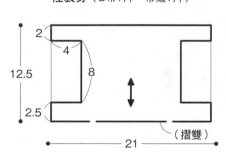

1 將拉鍊縫到表袋身上。

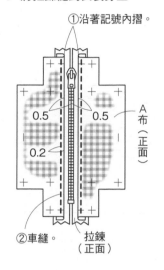
①沿著記號內摺。
0.5　0.5
0.2
A布（正面）
②車縫。
拉鍊（正面）

2 縫上提把。

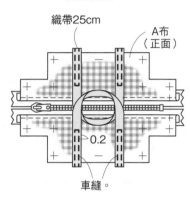
織帶25cm
A布（正面）
0.2
車縫。

裡袋身（B布1片・布襯1片）

2
4
12.5
8
2.5
21
（摺雙）

提把（織帶）長度＝25cm×2條

3 縫合表袋身，並在縫份側倒後再車縫拼接線。

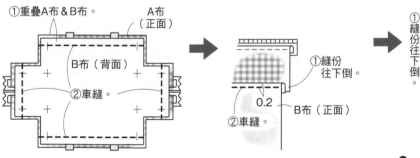
①重疊A布＆B布。
A布（正面）
B布（背面）
②車縫。
①縫份往下倒。
0.2
B布（正面）
②車縫。
①縫份往下倒。
0.2
②車縫。

4 車縫袋身脇邊線。

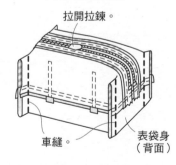
拉開拉鍊。
車縫。
表袋身（背面）

5 製作裡袋身。

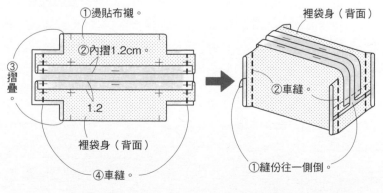
①燙貼布襯。
②內摺1.2cm。
③摺疊。
1.2
裡袋身（背面）
④車縫。
裡袋身（背面）
②車縫。
①縫份往一側倒。

6 縫合裡袋身＆表袋身。

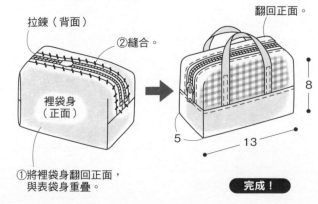
拉鍊（背面）
②縫合。
翻回正面。
裡袋身（正面）
①將裡袋身翻回正面，與表袋身重疊。
8
5
13

完成！

■ 材料
表布（格子棉布）30×30cm
裡布（素色棉布）30×30cm
拉鍊（20cm‧可裁剪使用の款式）1條
真皮皮帶（5mm寬）70cm
手縫線（MOCO）白色
◆製圖‧紙型皆不含縫份。
請另加1cm縫份之後再裁剪布料。
◆圓の原寸紙型請見P.88。

製圖

表袋身側片（表布1片）
裡袋身側片（裡布1片）

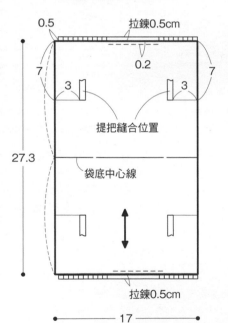

0.5
拉鍊0.5cm
0.2
7　　　7
3　　　3
提把縫合位置
袋底中心線
27.3
拉鍊0.5cm
17

9

表側幅（表布2片）
裡側幅（裡布2片）

提把長度=33cm×2條
（皮革皮帶）

作法

1 將表袋身側片縫上拉鍊。

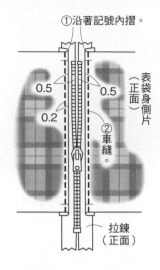

①沿著記號內摺。
0.5　0.5
0.2
②車縫。
表袋身側片（正面）
拉鍊（正面）

2 對齊縫合裡袋身側片＆表袋身側片。

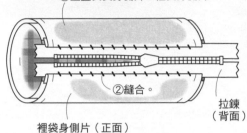

裡袋身側片（背面）　內摺。
1.2
1.2

①重疊表袋身側片＆裡袋身側片。
②縫合。
裡袋身側片（正面）
拉鍊（背面）

3 對齊縫合步驟2完成的側片＆表側幅。

表側幅（背面）
①3片一起車縫。
裡袋身側片（正面）
拉開拉鍊。
②修剪。

4 內摺裡側幅縫份，並縫合於側片上。

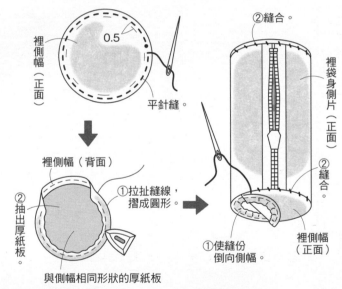

0.5
裡側幅（正面）
平針縫。
②縫合。
裡袋身側片（正面）
②縫合。

裡側幅（背面）
②抽出厚紙板。
①拉扯縫線，摺成圓形。
①使縫份倒向側幅。
裡側幅（正面）
與側幅相同形狀的厚紙板

5 縫上提把。

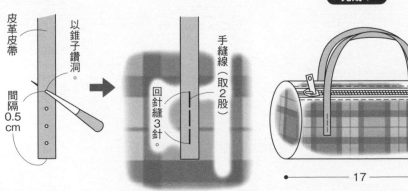

皮革皮帶
以錐子鑽洞。
間隔0.5cm
回針縫3針。
手縫線（取2股）

完成！

直徑9cm
17

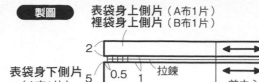

製圖

表袋身上側片（A布1片）
裡袋身上側片（B布1片）

表袋身後片（A布1片）
裡袋身後片（B布1片）

表袋蓋・表袋底（A布2片）
裏袋蓋・裡袋底（B布2片）

表袋身下側片（A布1片）
裡袋身下側片（B布1片）

2
0.5　1　拉鍊
前中心
0.2
5
8
0.2
後中心
32.7
5

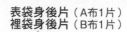
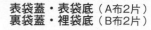
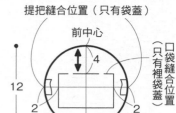

提把縫合位置（只有袋蓋）
前中心
口袋縫合位置（只有裡袋蓋）
4
12
2　2
後中心

■ 材料
A布（點點舖棉布）25×40cm
B布（格子棉布）25×50cm
拉鍊（40cm・可裁剪使用的款式）1條

◆製圖・紙型皆不含縫份。
　請另加1cm縫份之後再裁剪布料。
◆圓的原寸紙型請見P.88。

口袋（B布1片）
10
口袋口（口袋摺線）
裡袋蓋
8
口袋

提把（B布1片）
4
山摺線
14
0.2

作法

1 將側片縫上拉鍊。

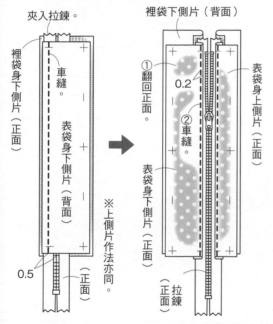

夾入拉鍊。
裡袋下側片（正面）
車縫。
表袋身下側片（背面）
0.5
（正面）
裡袋下側片（背面）
①翻回正面。
0.2
②車縫。
表袋身上側片（正面）
表袋身下側片（正面）
※上側片作法亦同。
（正面）拉鍊

2 對齊縫合步驟1完成的部份&後片。

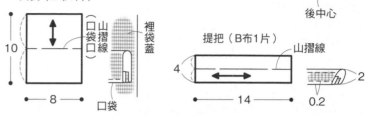

表袋身後片（背面）
車縫。
表袋身下側片（正面）

表袋身上側片（正面）
裡袋身後片（正面）
②剪下。
①車縫。
裡袋身下側片（正面）　表袋身後片（背面）
拉開拉鍊。

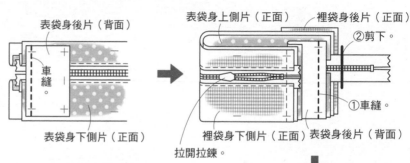

裡袋身後片（背面）①沿著記號內摺。
②車縫。
0.2　0.2
表袋身下側片（正面）

3 夾入提把，縫合表袋蓋、側面、表袋底。

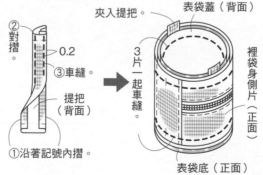

夾入提把。
②對摺。
0.2
③車縫。
提把（背面）
①沿著記號內摺。

表袋蓋（背面）
3片一起車縫。
裡袋身側片（正面）
表袋底（正面）

4 縫製口袋&縫合於裡袋蓋上。

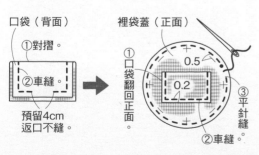

口袋（背面）
①對摺。
②車縫。
預留4cm返口不縫。

裡袋蓋（正面）
①口袋翻回正面。
0.5
0.2
②車縫。
③平針縫

5 內摺裡袋蓋的縫份。
（裡袋底作法亦同）

裡袋蓋（背面）
①拉扯縫線，摺成圓形。
與袋底形狀相同的厚紙板
②抽出厚紙板。

6 縫合裡袋蓋&裡袋底。

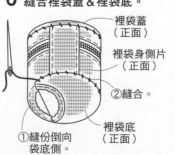

裡袋蓋（正面）
裡袋身側片（正面）
②縫合。
①縫份倒向袋底側。
裡袋底（正面）

完成！

翻回正面。
8
後方
直徑12cm

■ 材料
A布（條紋棉布）20×25cm
B布（6oz丹寧布）30×45cm
拉鍊（20cm・可裁剪使用の款式）1條
圓繩（3mm粗）5cm
◆紙型不含縫份。
請另加1cm縫份之後再裁剪布料。
◆原寸紙型請見P.55。

 作法

1 將表側幅上片縫上拉鍊。

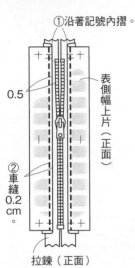

①沿著記號內摺。
0.5
②車縫0.2cm
表側幅上片（正面）
拉鍊（正面）

2 縫合裡側幅上片＆步驟1完成的部分。

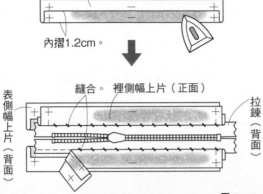

裡側幅上片（背面）
內摺1.2cm。
縫合　裡側幅上片（正面）
表側幅上片（背面）
拉鍊（背面）

3 以表側幅下片＆裡側幅下片夾住步驟2的側幅上片，車縫拼接線。

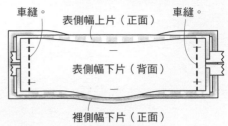

車縫。
表側幅上片（正面）
車縫。
表側幅下片（背面）
裡側幅下片（正面）

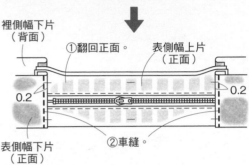

①翻回正面。
裡側幅下片（背面）
表側幅上片（正面）
0.2
0.2
表側幅下片（正面）
②車縫。

4 車縫表袋身拼接線。

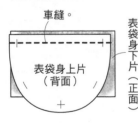

車縫。
表袋身上片（背面）
表袋身下片（正面）

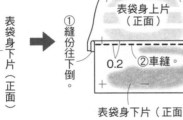

①縫份往下倒。
表袋身上片（正面）
0.2　②車縫
表袋身下片（正面）

5 縫製肩背帶。

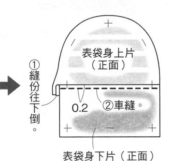

肩背帶（背面）
對摺。
①內摺。
0.2
②車縫。
（正面）

6 將肩帶＆耳環縫於表袋身上。

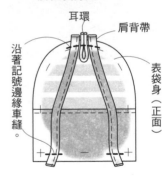

耳環
肩背帶
沿著記號邊緣車縫。
表袋身（正面）

7 對齊縫合步驟3的側幅＆表袋身。

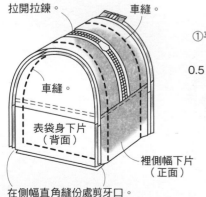

拉開拉鍊。
車縫。
車縫。
表袋身下片（背面）
裡側幅下片（正面）
在側幅直角縫份處剪牙口。

8 內摺裡袋身縫份，並縫合於步驟7作好的主體上。

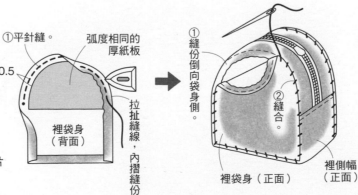

①平針縫。
弧度相同的厚紙板
0.5
裡袋身（背面）
拉扯縫線，內摺縫份。
①縫份倒向袋身側。
②縫合。
裡袋身（正面）
裡側幅（正面）

 完成！

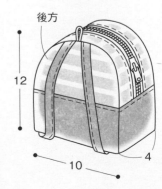

後方
12
10
4

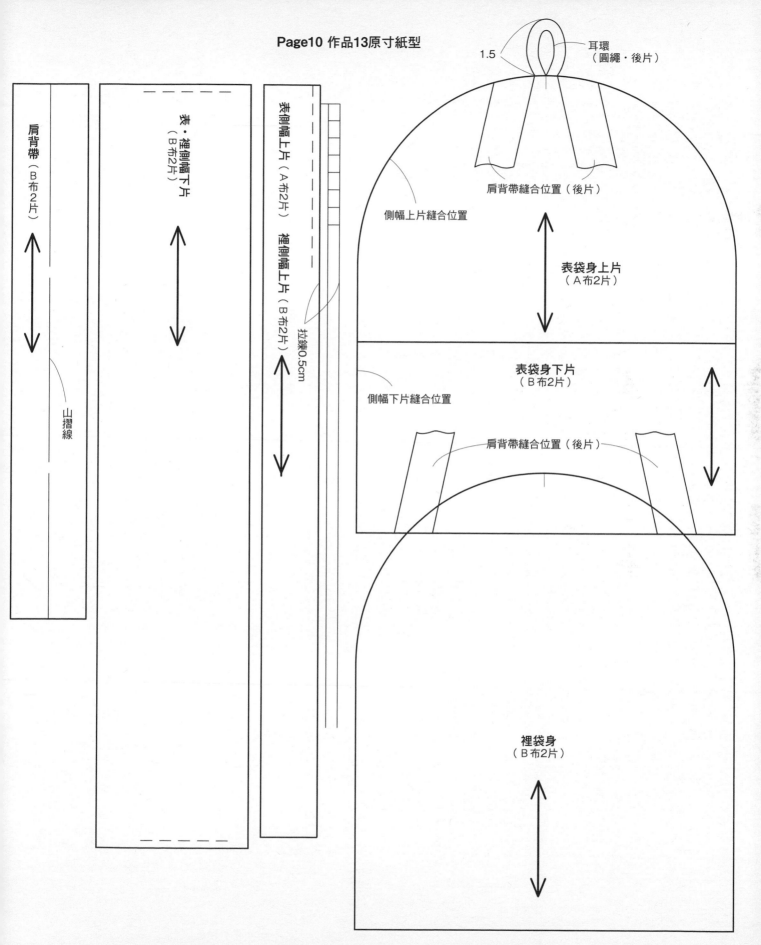

肩背帶（B布2片）

山摺線

表‧裡側幅下片（B布2片）

表側幅上片（A布2片）

裡側幅上片（B布2片）

拉鍊0.5cm

1.5

耳環（圓繩‧後片）

肩背帶縫合位置（後片）

側幅上片縫合位置

表袋身上片（A布2片）

表袋身下片（B布2片）

側幅下片縫合位置

肩背帶縫合位置（後片）

裡袋身（B布2片）

P.12 **15·16**

■ 15·16の材料（1個）
A布（印花棉布）20×30cm
B布（素色麻布）20×15cm
裡布（素色棉布）20×30cm
蕾絲（22mm寬）40cm
織帶（11mm寬）45cm
彈簧口金（12cm）1個
◆製圖不含縫份。
請另加1cm縫份之後再裁剪布料。

作法

1 車縫拼接線＆縫上蕾絲。

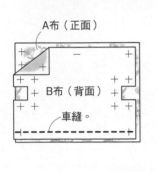

A布（正面）

B布（背面）

車縫。

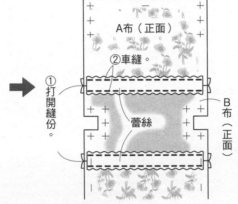

A布（正面）
②車縫
①打開縫份。
蕾絲
B布（正面）

製圖

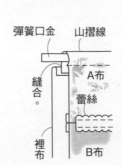

彈簧口金　山摺線

縫合。

A布

蕾絲

裡布

B布

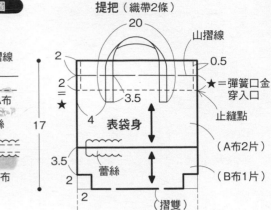

提把（織帶2條）
20
山摺線
2
0.5
2
3.5
★＝彈簧口金穿入口
★
4
止縫點
表袋身
（A布2片）
17
3.5
蕾絲
2
（B布1片）
2
（摺雙）
16

裡袋身（裡布1片）
13
（摺雙）
2
2

〈彈簧口金打開的狀態〉
螺絲

2 車縫表袋身脇邊線＆底部側幅。

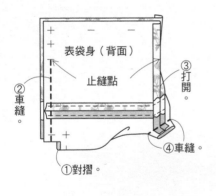

表袋身（背面）
止縫點
②車縫。
①對摺。
③打開
④車縫。

3 車縫開口處。

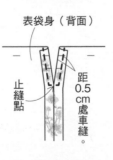

表袋身（背面）
止縫點
距0.5cm處車縫

4 縫製袋口。

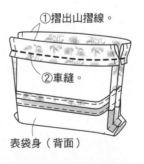

①摺出山摺線。
②車縫。
表袋身（背面）

5 縫製裡袋身。

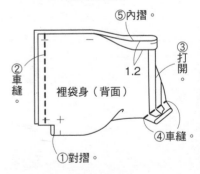

⑤內摺。
②車縫。
裡袋身（背面）
1.2
③打開
④車縫。
①對摺。

6 將裡袋身縫合於表袋身上。

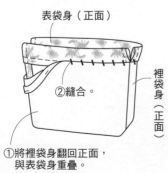

表袋身（正面）
②縫合。
裡袋身（正面）
①將裡袋身翻回正面，與表袋身重疊。

7 縫上提把。

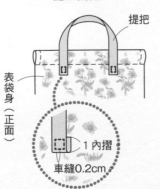

提把
表袋身（正面）
1內摺
車縫0.2cm

8 穿入彈簧口金。

15
穿入彈簧口金＆插入螺絲
13
12
4

完成！

16

P.13 17·18

■ **17·18的材料（1個）**
表布（印花棉布） 25×35cm
裡布（素色棉布） 25×30cm
拉鍊（20cm・可裁剪使用の款式）1條
絨布織帶（10mm寬） 55cm
手縫線（Moco） 17 芥黃色
　　　　　　　　 18 粉紅色

◆製圖不含縫份。
請另加1cm縫份之後再裁剪布料。

作法

1 將拉鍊縫於表袋身上。

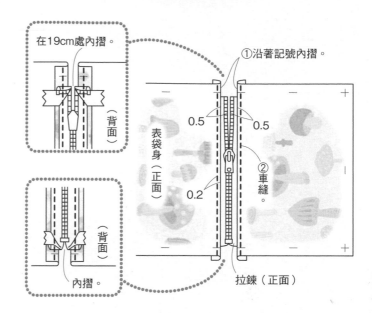

製圖

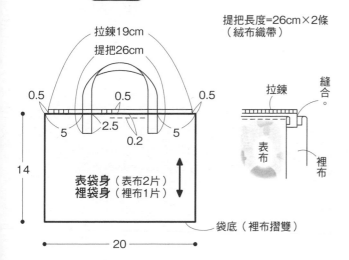

拉鍊19cm
提把26cm

提把長度=26cm×2條
（絨布織帶）

0.5　0.5　0.5
5　　2.5　　5
0.2

14

20

表袋身（表布2片）
裡袋身（裡布1片）

袋底（裡布摺雙）

拉鍊
縫合。
表布
裡布

4 將裡袋身縫合於表袋身上。

①將裡袋身翻回正面，
　與表袋身重疊。

拉鍊（背面）

②縫合。

裡袋身（正面）

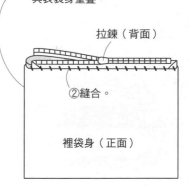

2 縫製表袋身脇邊線＆袋底。

拉開拉鍊。

表袋身（背面）

①車縫。

②打開。

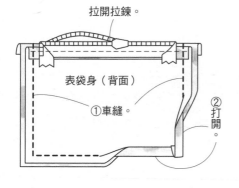

3 縫製裡袋身。

④內摺縫份。

裡袋身（背面）

1.2

③打開。

②車縫。

①對摺。

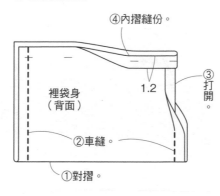

5 在提把上鑽洞＆縫上袋身。

提把

以0.5cm間距，
共開4個洞。

錐子

0.5

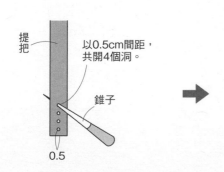

以手縫線（2股）縫合。

17

14

20

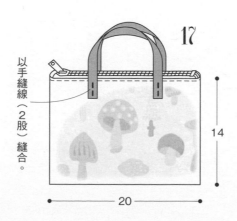

18

完成！

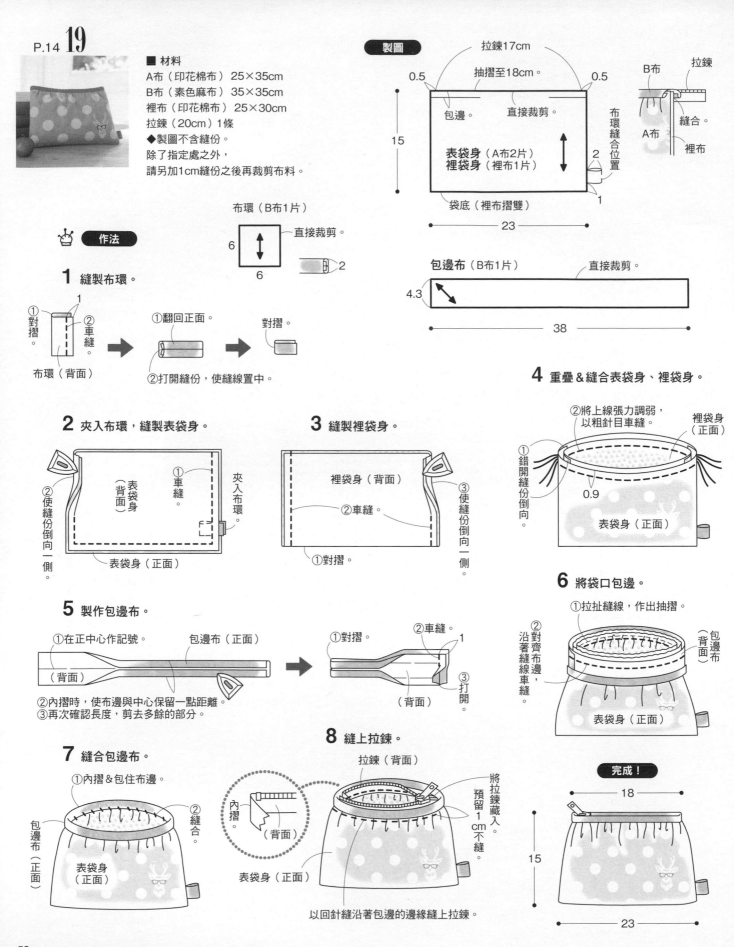

■ 材料
A布（印花棉布） 25×35cm
B布（素色麻布） 35×35cm
裡布（印花棉布） 25×30cm
拉鍊（20cm）1條
◆製圖不含縫份。
除了指定處之外，
請另加1cm縫份之後再裁剪布料。

製圖

拉鍊17cm
抽摺至18cm。
0.5　　　0.5
包邊。　　直接裁剪。
15
表袋身（A布2片）
裡袋身（裡布1片）
布環縫合位置
2
1
袋底（裡布摺雙）
23

B布　拉鍊
縫合。
A布
裡布

布環（B布1片）
直接裁剪。
6
6
2

包邊布（B布1片）　直接裁剪。
4.3
38

作法

1 縫製布環。
①對摺。　②車縫。
布環（背面）
①翻回正面。
②打開縫份，使縫線置中。
對摺。

2 夾入布環，縫製表袋身。
①車縫。
②使縫份倒向一側。
表袋身（背面）
夾入布環
表袋身（正面）

3 縫製裡袋身。
裡袋身（背面）
②車縫。
③使縫份倒向一側。
①對摺。

4 重疊&縫合表袋身、裡袋身。
②將上線張力調弱，以粗針目車縫。
裡袋身（正面）
①錯開縫份倒向。
0.9
表袋身（正面）

5 製作包邊布。
①在正中心作記號。
包邊布（正面）
（背面）
②內摺時，使布邊與中心保留一點距離。
③再次確認長度，剪去多餘的部分。
①對摺。
②車縫。
1
③打開。
（背面）

6 將袋口包邊。
①拉扯縫線，作出抽摺。
②沿著縫線邊車縫，對齊布邊。
包邊布（背面）
表袋身（正面）

7 縫合包邊布。
①內摺&包住布邊。
②縫合
包邊布（正面）
表袋身（正面）
內摺
（背面）

8 縫上拉鍊。
拉鍊（背面）
將拉鍊藏入。
預留1cm不縫。
表袋身（正面）
以回針縫沿著包邊的邊緣縫上拉鍊。

完成！
18
15
23

■ 材料
A布（素色麻布） 20×40cm
B布（點點棉布） 15×20cm
C布（格子棉布） 15×10cm
D布（印花棉布） 5×5cm
裡布（印花棉布） 20×40cm
絨毯花邊帶（10mm寬）20cm
拉鍊（20cm・可裁剪使用の款式）1條
鈕釦（直徑9mm） 1個
緞帶（3mm寬） 10cm
手縫線（MOCO） 白色・茶色
◆製圖不含縫份。除了指定的部位以外，
請另加1cm縫份之後再裁剪布料。

製圖

布環
（B布1片）

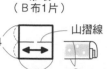

山摺線

貼布繡・屋簷（B布1片）

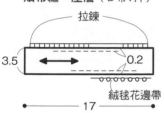

拉鍊
3.5   0.2
絨毯花邊帶
17

表袋身（A布1片）   裡袋身（裡布1片）

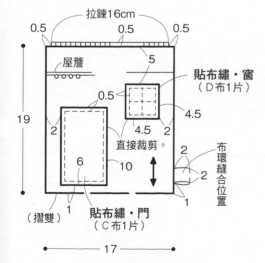

拉鍊16cm
0.5   0.5   0.5
屋簷
5
貼布繡・窗
（D布1片）
0.5
19   4.5
2   4.5   2
直接裁剪。   2
2
6   10   布環縫合位置
2
1
（摺雙）1   貼布繡・門
（C布1片）
17

圓球（C布1片）

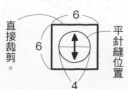

6
直接裁剪   6   6   平針縫位置
4
◆圓の原寸紙型請見P.88。

作法

1 在表袋身上作貼布繡。

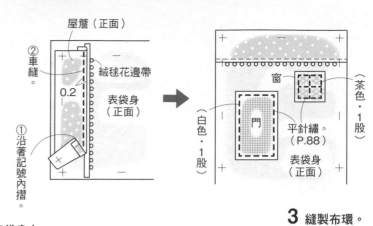

屋簷（正面）
②車縫。
0.2
①沿著記號內摺。
絨毯花邊帶
表袋身（正面）

窗
門
平針繡。（P.88）
表袋身（正面）
（白色・1股）
（茶色・1股）

2 將拉鍊縫於表袋身上。

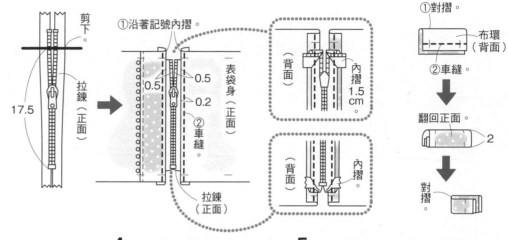

剪下。
17.5
拉鍊（正面）

①沿著記號內摺。
0.5
0.5
0.2
表袋身（正面）
②車縫。
拉鍊（正面）

（背面）
內摺1.5cm
（背面）
內摺

3 縫製布環。

①對摺。
布環（背面）
②車縫。
翻回正面。
2
對摺。

4 車縫表袋身脇邊線。

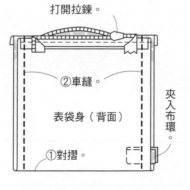

打開拉鍊。
②車縫。
表袋身（背面）
①對摺。
夾入布環。

5 車縫裡袋身脇邊線＆將袋口內摺。

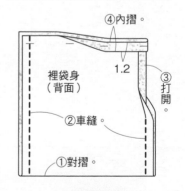

④內摺。
裡袋身（背面）
1.2
③打開。
②車縫。
①對摺。

6 將裡袋身縫合於表袋身上。

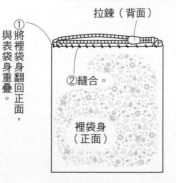

拉鍊（背面）
①將裡袋身翻回正面，與表袋身重疊。
②縫合。
裡袋身（正面）

完成！

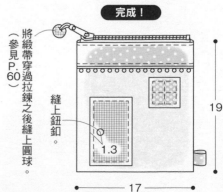

將緞帶穿過拉鍊之後縫上圓球。（參見P.60）
縫上鈕釦。
1.3
19
17

P.15 21

■ 材料
A布（點點棉布）20×20cm
B布（印花棉布）20×45cm
C布（格子棉布）5×5cm
布襯 20x40cm
拉鍊（20cm・可裁剪使用的款式）1條
蕾絲（10mm）5cm
緞帶（3mm寬）10cm
◆紙型不含縫份。除了指定的部位以外，
請另加0.5cm縫份之後再裁剪布料。
◆原寸紙型請見P.61。

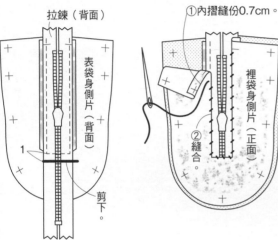

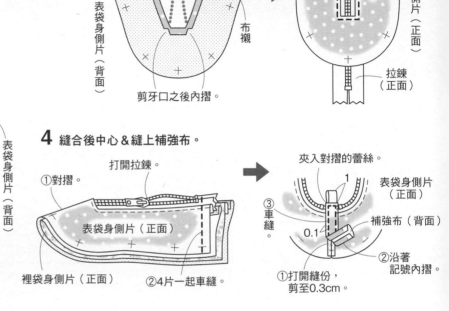

作法 ◆開始製作之前◆
燙貼布襯（表袋身側片・表袋底・裡袋底）

1 將拉鍊縫於表袋身側片上。

剪牙口
內摺縫份。
表袋身側片（背面）
布襯
剪牙口之後內摺。

0.6
0.6
0.2
車縫
表袋身側片（正面）
拉鍊（正面）

2 修剪拉鍊。

拉鍊（背面）
表袋身側片（背面）
1
剪下。

3 在表袋身側片上縫合裡袋身側片。

①內摺縫份0.7cm。
②縫合。
裡袋身側片（正面）
表袋身側片（背面）

4 縫合後中心＆縫上補強布。

①對摺。
打開拉鍊。
表袋身側片（正面）
裡袋身側片（正面）
②4片一起車縫。

夾入對摺的蕾絲。
表袋身側片（正面）
③車縫。
0.1
補強布（背面）
①打開縫份，剪至0.3cm。
②沿著記號內摺。

5 縫合步驟4的部分＆表袋底。

裡袋身側片（正面）
表袋身側片（背面）
表袋底（正面）
3片一起車縫。

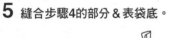
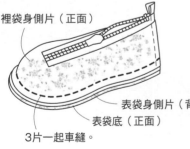

6 將裡袋底重疊縫合於步驟5的成品上＆翻回正面。

裡袋身側片（正面）
表袋身側片（背面）
表袋底（正面）
裡袋底（背面）
布襯
預留6cm返口不縫。
②車縫。
①與裡袋底疊合。

①翻回正面。
裡袋底（正面）
②縫合。

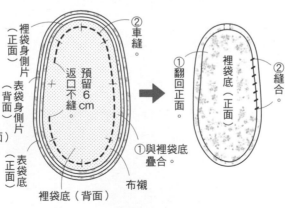

7 縫製蝴蝶結。

①沿著記號內摺。
蝴蝶結（背面）
②內摺。
③車縫。

①翻回正面。
②縫合。

固定用布（背面）
沿著記號內摺。

捲繞固定用布＆縫合固定。

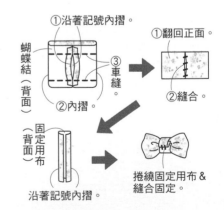

8 將緞帶穿過拉鍊頭。

對摺的緞帶
①穿過拉鍊頭。
②穿過圓環。

9 製作＆縫上圓球。

圓球（正面）
平針縫。
1.5
將四周與B布多餘的布料＆緞帶一起收入內裡，拉緊縫線固定。

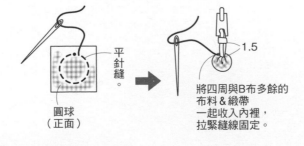

完成！

縫上蝴蝶結。
約7
約15.5

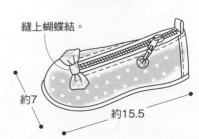

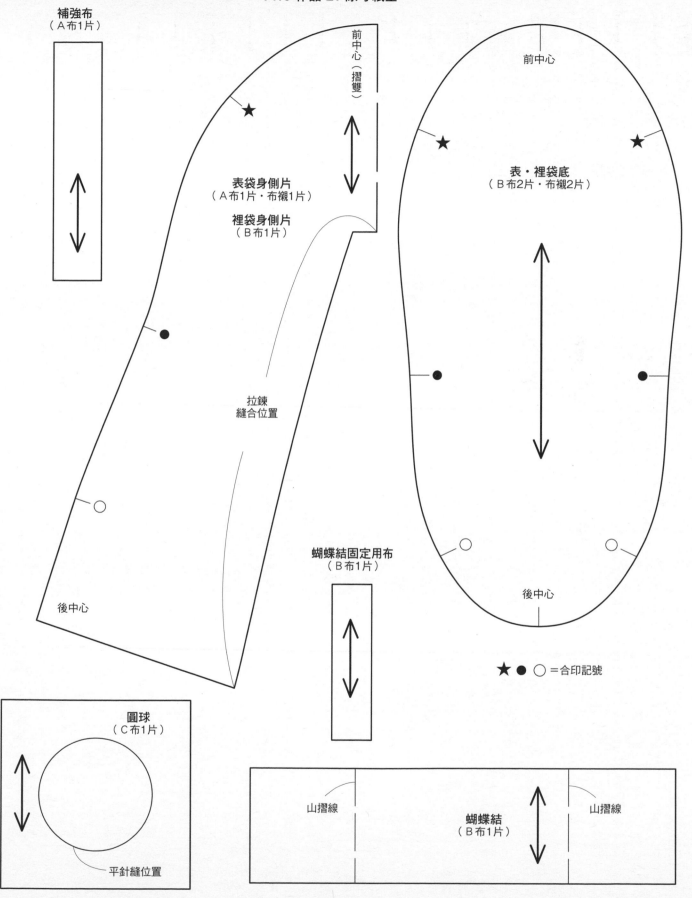

補強布
（A布1片）

前中心（摺雙）

表袋身側片
（A布1片・布襯1片）

裡袋身側片
（B布1片）

拉鍊
縫合位置

後中心

前中心

表・裡袋底
（B布2片・布襯2片）

後中心

蝴蝶結固定用布
（B布1片）

★ ● ○ ＝合印記號

圓球
（C布1片）

平針縫位置

山摺線

蝴蝶結
（B布1片）

山摺線

P.16 22

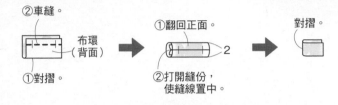

■材料
表布（印花棉布）65×30cm
裡布（條紋棉布）30×55cm
拉鍊（30cm・可裁剪使用的款式）1條
緞帶（5mm寬）25cm
◆製圖不含縫份。
請另加1cm縫份之後再裁剪布料。

製圖

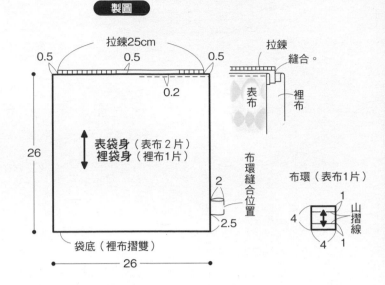

拉鍊25cm
0.5　0.5　0.5
0.2
26
表袋身（表布2片）
裡袋身（裡布1片）
布環縫合位置
2
2.5
袋底（裡布摺雙）
26

拉鍊
縫合。
表布
裡布

布環（表布1片）
4　　1
山摺線
4　　1

作法　**1** 縫製布環。

②車縫。
布環（背面）
①對摺。

①翻回正面。
②打開縫份，使縫線置中。
2

對摺。

2 修剪拉鍊，將拉鍊縫於表袋身上。

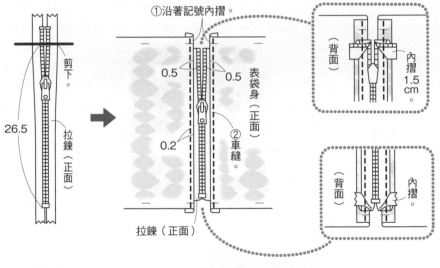

剪下。
26.5
拉鍊（正面）

①沿著記號內摺。
0.5　0.5
0.2
表袋身（正面）
②車縫。
拉鍊（正面）

（背面）
內摺1.5cm。

（背面）
內摺。

3 夾入布環，車縫表袋身脇邊線＆袋底。

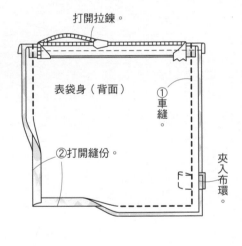

打開拉鍊。
表袋身（背面）
①車縫。
②打開縫份。
夾入布環。

4 縫製裡袋身。

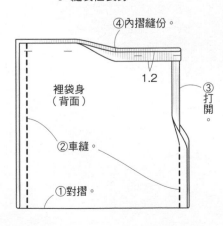

④內摺縫份。
1.2
③打開。
裡袋身（背面）
②車縫。
①對摺。

5 將裡袋身縫合於表袋身上。

拉鍊（背面）
②縫合。
裡袋身（正面）
①將裡袋翻回正面，與表袋身重疊。

6 將緞帶穿過拉鍊頭。

完成！

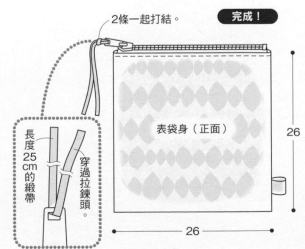

2條一起打結。
表袋身（正面）
26
長度25cm的緞帶
穿過拉鍊頭。
26

■ 材料
A布（格子棉布）25×30cm
B布（素色麻布）30×30cm
拉鍊（20cm・可裁剪使用の款式）1條
◆製圖不含縫份。
請另加1cm縫份之後再裁剪布料。

製圖

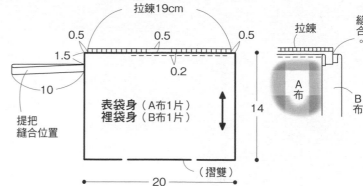

拉鍊19cm
0.5　　　0.5　　　0.5
1.5
0.2
10
提把縫合位置
表袋身（A布1片）
裡袋身（B布1片）
（摺雙）
20
14
拉鍊
縫合。
A布
B布

作法　**1** 縫製提把。

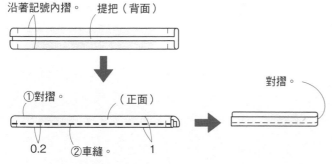

沿著記號內摺。　提把（背面）
①對摺。　（正面）
0.2　②車縫。　1
對摺。

提把（B布1片）　（↔）　山摺線
2
20
0.2
1

2 在表袋身上縫上拉鍊。

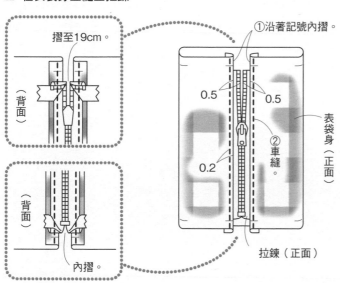

摺至19cm。
（背面）
（背面）
內摺。
①沿著記號內摺。
0.5　　0.5
0.2
②車縫。
表袋身（正面）
拉鍊（正面）

3 夾入提把，車縫表袋脇邊線。

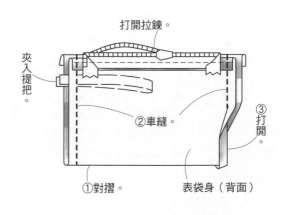

打開拉鍊。
夾入提把。
②車縫。
③打開。
①對摺。
表袋身（背面）

4 縫製裡袋身。

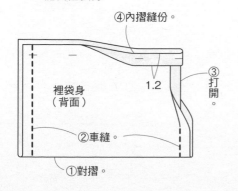

④內摺縫份。
裡袋身（背面）
1.2
③打開。
②車縫。
①對摺。

5 將裡袋身縫合表袋身上，翻回正面。

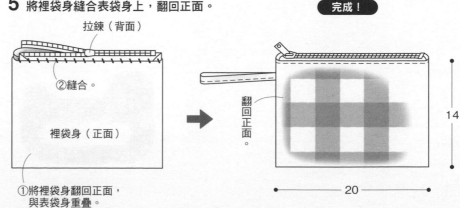

拉鍊（背面）
②縫合。
裡袋身（正面）
①將裡袋身翻回正面，與表袋身重疊。

完成！

翻回正面。
14
20

■ 材料
A布（素色麻布）30×40cm
B布（格子棉布）25×15cm
裡布（條紋棉布）25×40cm
拉鍊（20cm）2條
手縫線（MOCO）白色
◆製圖不含縫份。
請另加1cm縫份之後再裁剪布料。

製圖

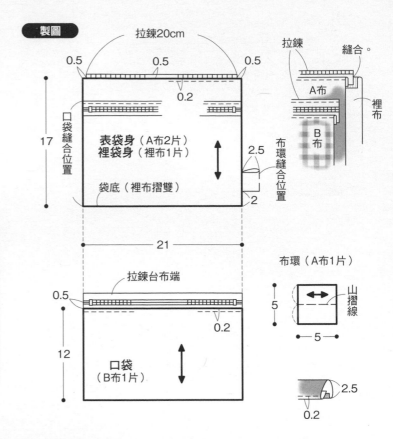

拉鍊20cm
0.5   0.5   0.5
0.2

17

口袋縫合位置

表袋身（A布2片）
裡袋身（裡布1片）

袋底（裡布摺雙）

2.5
2
布環縫合位置

21

拉鍊   縫合。

A布

裡布

B布

拉鍊台布端
0.5
0.2

12

口袋
（B布1片）

布環（A布1片）

5

山摺線

5

2.5
0.2

作法

1 在口袋上縫上拉鍊。

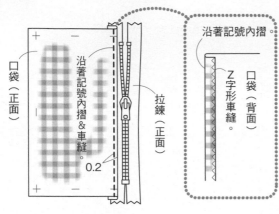

口袋（正面）

沿著記號內摺＆車縫。

0.2

拉鍊（正面）

沿著記號內摺。

Z字形車縫。

口袋（背面）

2 在表袋身上縫上拉鍊＆口袋。

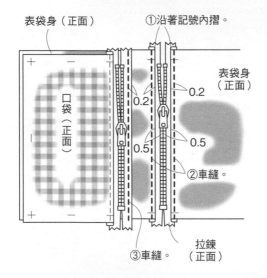

表袋身（正面）

①沿著記號內摺。

表袋身（正面）

0.2
0.2
0.5

②車縫。

口袋（正面）

③車縫。

拉鍊（正面）

3 縫製布環。

沿著記號內摺。

布環（背面）

①對摺。

0.5
0.5
0.2

①對摺。
②車縫。

③1股・平針繡（見P.88）。

對摺。

4 夾入布環，車縫表袋身脇邊線＆袋底。

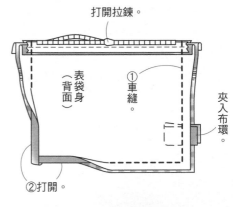

打開拉鍊。

表袋身（背面）

①車縫。

夾入布環。

②打開。

5 縫製裡袋身。

④內摺縫份。

裡袋身（背面）

1.2

③打開。

②車縫。

①對摺。

6 將裡袋身縫合於表袋身上，翻回正面。

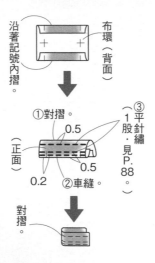

拉鍊（背面）

①將裡袋身翻回正面，與表袋身重疊，

②縫合。

裡袋身（正面）

完成！

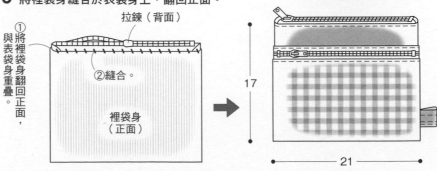

17

21

P.18 **25**

■ 材料

A布（印花棉布）25×25cm
B布（素色麻布）20×15cm
裡布（素色麻布）25×35cm
布襯 20×15cm
水兵帶（10mm寬）35cm
口金（F8・12×5.5cm）1個
紙繩 40cm

◆紙型不含縫份。
請另加1cm縫份之後再裁剪布料。
◆原寸紙型請見P.67。

＊口金尺寸＊

5.5
12

👑 作法

1 車縫拼接線。（裡布作法亦同）

將上線張力調弱，以粗針目車縫。

0.2
0.2

表袋身（正面）

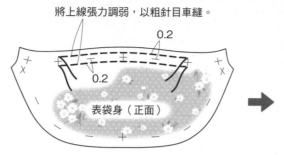

②拉扯下線，作出抽摺。
③車縫。
①在表袋身拼接布上燙貼布襯。

表袋拼接布（背面）

表袋身（正面）

2 使縫份倒向一側之後車縫。（裡布作法亦同）

①使縫份倒向拼接側。
表袋拼接布（正面）
0.2
②車縫。
③抽摺的縫線。
表袋身（正面）

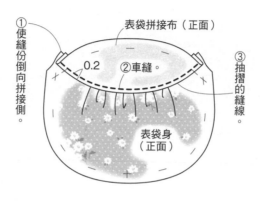

3 將水兵帶縫在表袋拼接線上。

表袋拼接布（正面）
車縫。
表袋身（正面）

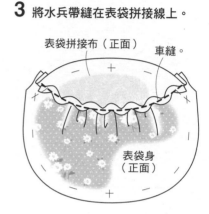

4 縫製表袋身。（裡袋身作法亦同）

①沿著記號車縫。
②打開縫份。
表袋身（背面）

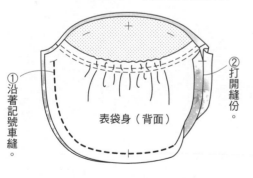

5 對齊縫合表袋身＆裡袋身。

預留5cm返口不縫。
②車縫。
①重疊表袋身＆裡袋身。
表袋身（背面）

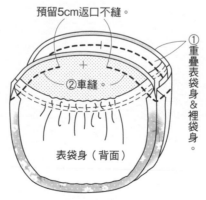

②縫合。
①翻回正面。
表袋身（正面）

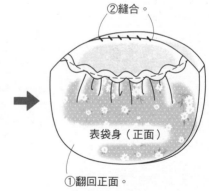

6 裝接口金。（詳細裝接方法請見P.66）

②從中心點起將袋身塞入口金中。
①在口金溝槽中填入白膠。
③塞入紙繩。
裡袋拼接布（正面）

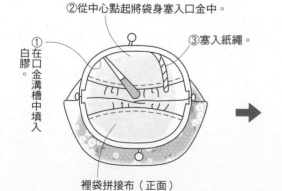

以老虎鉗夾緊口金兩端。

擋布

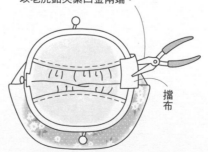

完成！

約13
約15

P.19 **26・27**

■ **26・27の材料（1点分）**
表布（26點點棉布・27印花棉布） 20×30cm
裡布（26素色棉布・27格子棉布） 20×30cm
棉襯（薄） 20×30cm
蕾絲（20mm寬） 5cm
口金（F7・10×5.5cm） 1個
紙繩 40cm
◆紙型不含縫份。
請另加1cm縫份之後再裁剪布料。
◆原寸紙型請見P.67。

＊口金尺寸＊

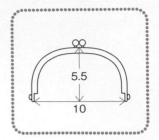

作法

1 在表袋身上燙貼棉襯＆縫上蕾絲。

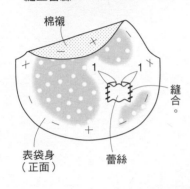

2 縫製表袋身。

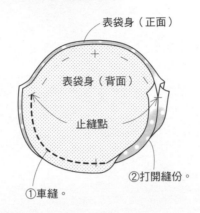

3 縫製裡袋身。

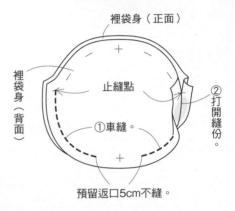

4 縫合表袋身＆裡袋身。

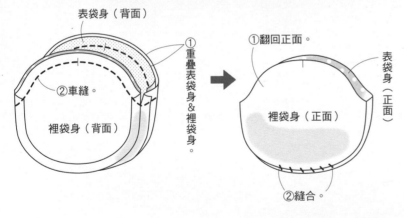

5 在口金上作記號＆在溝槽內填入白膠。

以記號筆在裡側作記號。

以厚紙板或是薄塑膠片沾取白膠，塗在口金的溝槽中。

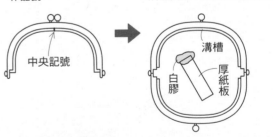

6 將袋身塞入口金中。

①從中心點起將袋身塞入口金中。
②塞入紙繩。
以老虎鉗夾緊口金兩端。

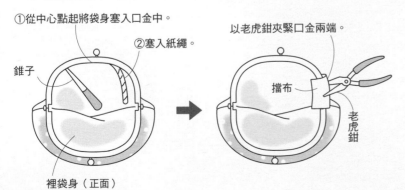

完成！

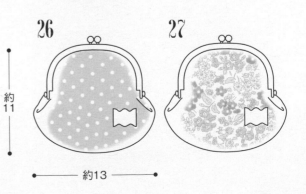

26　27　約11　約13

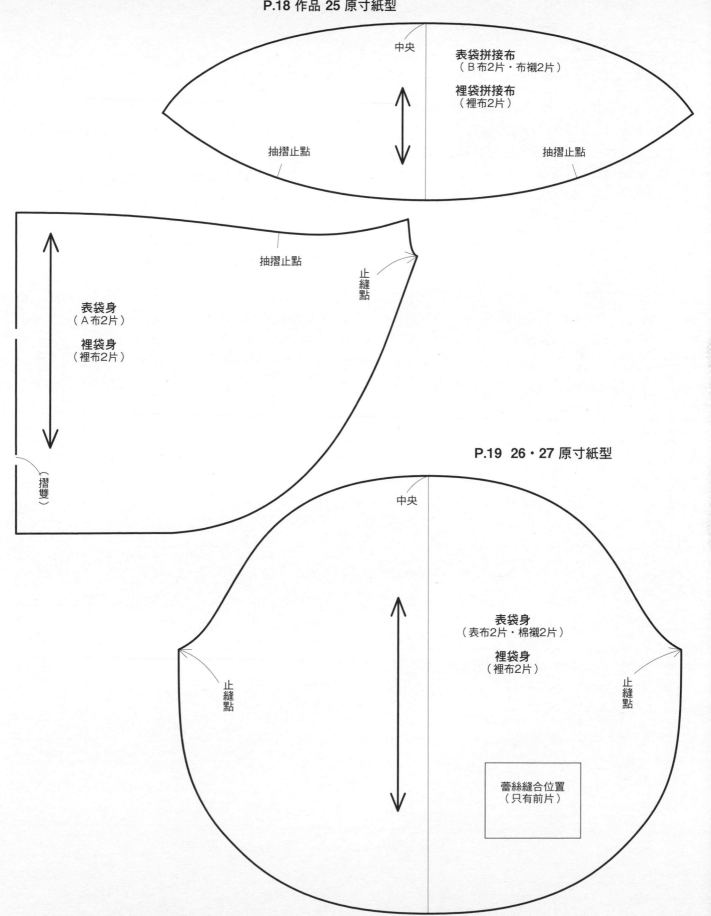

P.18 作品 25 原寸紙型

中央

表袋拼接布
（Ｂ布2片・布襯2片）

裡袋拼接布
（裡布2片）

抽摺止點

抽摺止點

抽摺止點

止縫點

表袋身
（Ａ布2片）

裡袋身
（裡布2片）

（摺雙）

P.19 26・27 原寸紙型

中央

表袋身
（表布2片・棉襯2片）

裡袋身
（裡布2片）

止縫點

止縫點

蕾絲縫合位置
（只有前片）

P.20 28・29・30

■ 28・29・30の材料（1個）
A布（28・30印花棉布／29素色麻布）25×15cm
B布（28・30素色麻布／29格子棉布）25×30cm
拉鍊（20cm・可裁剪使用の款式）1條
緞帶（5mm寬）10cm

◆製圖不含縫份。
請依照○內的尺寸另加縫份之後再裁剪布料。

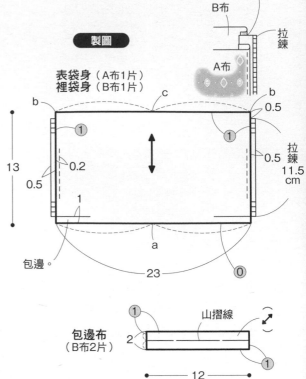

製圖

縫合
B布
拉鍊
A布

表袋身（A布1片）
裡袋身（B布1片）

b ⟵ c ⟶ b
① ① 0.5
13
0.5 0.2 拉鍊
0.5 11.5 cm
1
包邊 0
a
23

① 山摺線 ↗
包邊布 ↘
（B布2片）
2 ①
12

作法

1 將拉鍊縫在表袋身上。

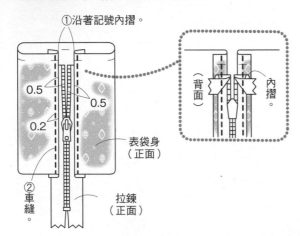

①沿著記號內摺。
0.5
0.5
0.2
②車縫。
表袋身（正面）
拉鍊（正面）

（背面）（內摺。）

袋身
包邊布

---

2 與裡袋身縫合。

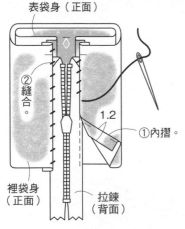

表袋身（正面）
②縫合。
1.2
①內摺。
裡袋身（正面）
拉鍊（背面）

3 製作包邊布。

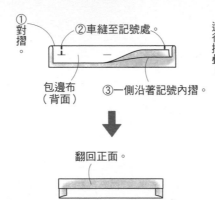

①對摺。
②車縫至記號處。
包邊布（背面）
③一側沿著記號內摺。

翻回正面。

4 袋身下緣包邊。

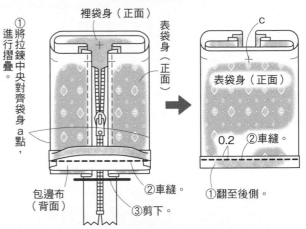

①將上方拉鍊中央對齊袋身a點，進行摺疊。
裡袋身（正面）
表袋身（正面）
包邊布（背面）
②車縫。
③剪下。

c
表袋身（正面）
0.2
②車縫。
①翻至後側。

---

5 在上方縫份處包邊。
（包邊方法同步驟4）

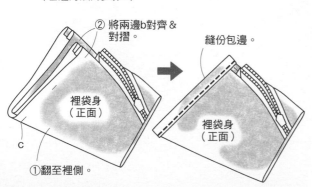

②將兩邊b對齊＆對摺。
縫份包邊。
裡袋身（正面）
裡袋身（正面）
c
①翻至裡側。

6 將緞帶穿過拉鍊頭。

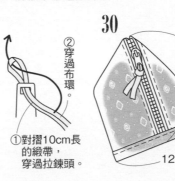

②穿過布環。
①對摺10cm長的緞帶，穿過拉鍊頭。

30
13
12

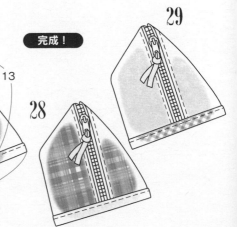

29
完成！
28

P.21 **31・32**

■ **31・32の材料**（1個）
A布（**31**格子棉布・**32**印花棉布）20×35cm
B布（**31**素色棉布・**32**格子棉布）30×35cm
拉鍊（20cm・可裁剪使用的款式）1條
◆製圖不含縫份。
請依照○內的尺寸另加縫份之後再裁剪布料。

製圖

表袋身（A布1片）　裡袋身（B布1片）

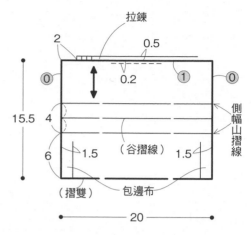

拉鍊
2　　0.5
0　0.2　1　0
15.5　4　　　側幅山摺線
（谷摺線）
6　1.5　　1.5
（摺雙）　包邊布
20

包邊布（B布2片）

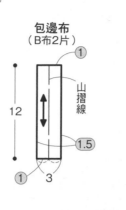

1　山摺線
12
1　1.5
1　3

作法

1 將拉鍊縫在表袋身上。

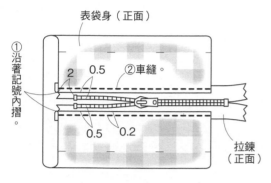

①沿著記號內摺。
表袋身（正面）
2　0.5
②車縫。
0.5　0.2
拉鍊（正面）

2 將裡袋身與表袋身縫合。

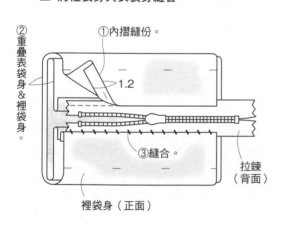

②重疊表袋身＆裡袋身。
①內摺縫份。
1.2
③縫合。
拉鍊（背面）
裡袋身（正面）

3 摺好側幅摺份之後車縫固定。

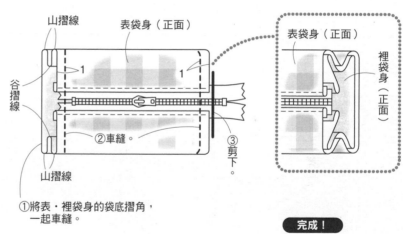

山摺線　表袋身（正面）
谷摺線　1　　1
②車縫。
③剪下。
山摺線
①將表・裡袋身的袋底摺角，一起車縫。

表袋身（正面）　裡袋身（正面）

4 兩脇邊包邊。

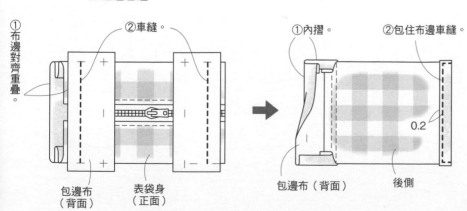

①布邊對齊重疊。
②車縫。
①內摺。
②包住布邊車縫。
包邊布（背面）　表袋身（正面）
包邊布（背面）　0.2　後側

完成！

31

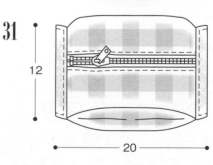

12
20

32

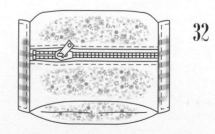

■ 材料
表布（格子棉布）15×30cm
裡布（印花棉布）30×25cm
拉鍊（20cm·可裁剪使用の款式）1條
蕾絲（15mm 寬）15cm
裝飾圖樣（1×1.5cm）1片
◆製圖不含縫份。
請另加縫1cm份之後再裁剪布料。

製圖

上口袋（表布1片）
拉鍊12cm
0.5　0.5　0.5
10
上口袋口
山摺線　↕
13

拉鍊
縫合。
上口袋
裡口袋　表袋身
下口袋
裡袋身
外側袋底　內側袋底

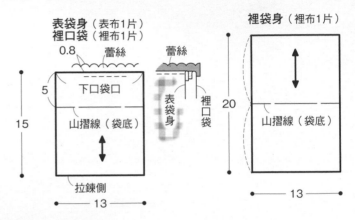

👑 **作法**

1 縫合表袋身＆裡口袋，
再在下口袋袋口縫上蕾絲。

車縫。
裡口袋（背面）
表袋身（正面）

0.8
疊上蕾絲。
①翻回正面。
0.2　②車縫。
表袋身（正面）
裡口袋（背面）

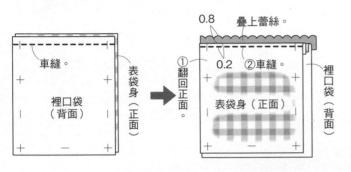

表袋身（表布1片）
裡口袋（裡布1片）
0.8　蕾絲
蕾絲
5
下口袋口
15
山摺線（袋底）↕
表袋身　裡口袋
拉鍊側
13

裡袋身（裡布1片）
20
山摺線（袋底）↕
13

2 縫合固定上口袋＆裡口袋之後，
摺疊＆縫製固定裡口袋。

②3片一起作疏縫。
裡口袋（正面）
上口袋（正面）
①將上口袋對摺重疊。
④3片一起作疏縫。
③摺疊裡口袋。
表袋身（正面）

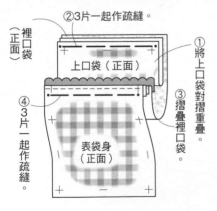

3 將上口袋、表袋身、拉鍊正面相對，
縫上拉鍊。

剪下。
13.5
拉鍊（正面）

0.5
內摺1.5cm。
車縫。
拉鍊（背面）
上口袋（正面）

0.5
車縫。
裡口袋（背面）
拉鍊（背面）
表袋身（正面）
袋底

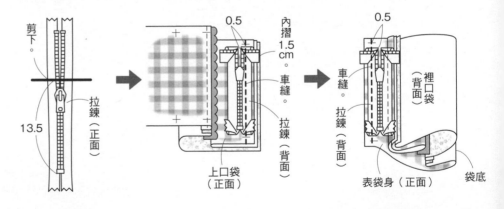

4 車縫表袋身＆裡袋身的脇邊線。

打開拉鍊。
表袋身（背面）
車縫。
外側袋底　內側袋底

④內摺。
裡袋身（背面）
1.2
③打開。
②車縫。
①對摺。

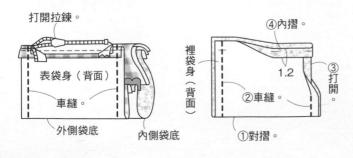

5 將裡袋身與表袋身
縫合。

①將裡身翻回正面，與表袋身重疊。
拉鍊（背面）
②縫合。
裡袋身（正面）

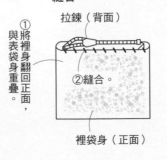

6 翻回正面之後
縫上裝飾圖樣。

①翻回正面。
②縫上裝飾圖樣。
10
2
1.5
13

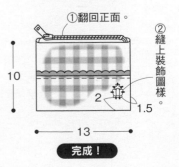

完成！

■ 材料
A布（素色棉麻布） 40×35cm
B布（印花棉布） 20×15cm
按釦（直徑12mm） 1組
◆製圖不含縫份。
請依照○內的尺寸另加縫份裁剪布料。
◆原寸紙型請見P.88。

■製圖

表袋身（A布1片）
裡袋身（A布1片不拼接）

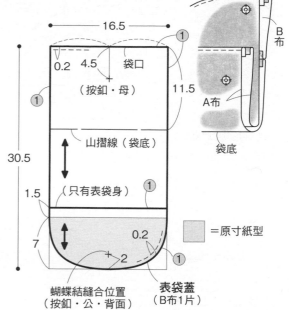

B布
A布
袋底

16.5
0.2　4.5　袋口
（按釦‧母）
11.5
30.5
山摺線（袋底）
（只有表袋身）
1.5
7
0.2
2
蝴蝶結縫合位置
（按釦‧公‧背面）
表袋蓋
（B布1片）

　　　＝原寸紙型

作法

1 車縫拼接線。

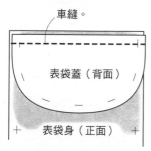

車縫。
表袋蓋（背面）
表袋身（正面）

蝴蝶結用布（A布1片）

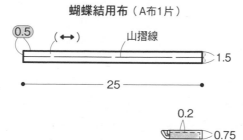

0.5　（↔）　山摺線
1.5
25

0.2
0.75

2 車縫袋口。

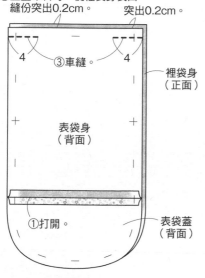

②重疊布料時，使裡袋身袋口
縫份突出0.2cm。
突出0.2cm。
4　③車縫。　4
裡袋身（正面）
表袋身（背面）
①打開。
表袋蓋（背面）

3 翻回正面，摺製袋底。

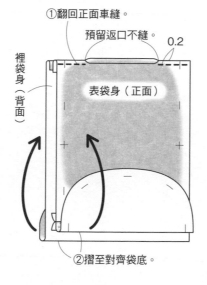

①翻回正面車縫。
預留返口不縫。　0.2
裡袋身（背面）
表袋身（正面）
②摺至對齊袋底。

4 從脇邊線開始車縫至袋底。

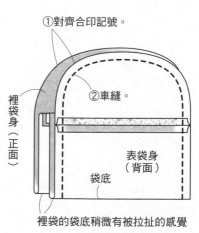

①對齊合印記號。
②車縫。
裡袋身（正面）
表袋身（背面）
袋底
裡袋的袋底稍微有被拉扯的感覺

5 縫製袋蓋、返口、按釦。

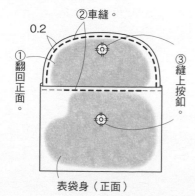

②車縫。
0.2
①翻回正面。
③縫上按釦。
表袋身（正面）

6 製作＆縫上蝴蝶結。

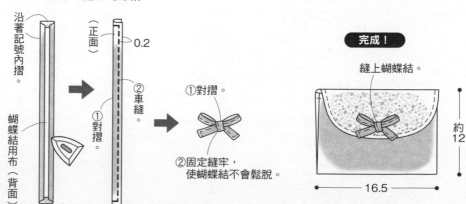

沿著記號內摺。
蝴蝶結用布（背面）
正面
0.2
①對摺。
②車縫。
①對摺。
②固定縫牢，使蝴蝶結不會鬆脫。

完成！

縫上蝴蝶結。
約12
16.5

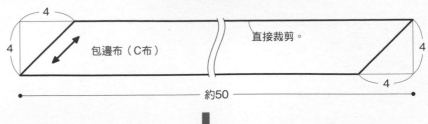

1 裁剪&摺製包邊布。

4
4
包邊布（C布） | 直接裁剪。 | 4
4
約50

① 在中央輕輕地作記號。
④往內摺時，布邊與中心記號保留一點距離。
②一側內摺0.5cm。
③剪下。
包邊布（背面）

■ **材料**
A布（素色麻布） 20×20cm
B布（印花棉布） 20×15cm
C布（格子棉布） 45×45cm
棉襯 10×20cm
織帶（20mm寬） 15cm
拉鍊（20cm·可裁剪使用の款式）1條
按釦（直徑9mm） 2組
◆紙型不含縫份。
不需另加縫份，請直接裁剪布料。
◆原寸紙型請見P.73。

🐝 **作法**

2 在口袋b上車縫拉鍊。

1
1
口袋b（上·背面）
內摺。

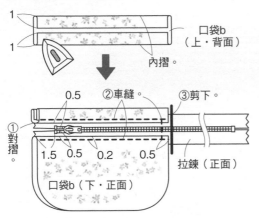

0.5 ②車縫。 ③剪下。
①對摺。
1.5 0.5 0.2 0.5
口袋b（下·正面）
拉鍊（正面）

3 摺製&車縫織帶。

① 內摺。
② 車縫。
1.5
0.5
織帶9.5cm
8

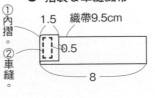

長度4.5cm的織帶
① 內摺。
② 車縫。
1.5
0.5
3

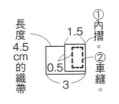

4 將口袋a、b、織帶縫到裡袋身上。

0.5
口袋a（正面）
織帶
②對摺。
0.2
①車縫。
裡袋身（正面）
③車縫。
口袋b（正面）
0.5

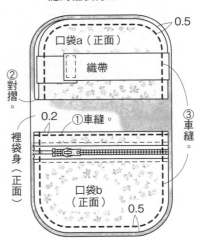

5 在表、裡袋身中間重疊夾入棉襯，四周包邊。

包邊布（背面）
表袋身（背面）
①重疊對齊布邊。
重疊0.5cm。（剪去多餘的部份）
裡袋身（正面）
棉襯
②沿著摺線車縫。

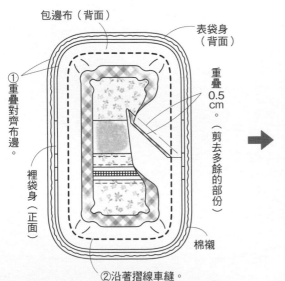

包邊布（正面）
①包住布邊，翻回表袋正面側。
表袋身（正面）
0.2
②沿著邊緣縫合固定。
③車縫。
完成！

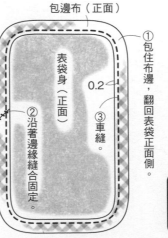

6 縫上按釦。

按釦（公）
（母）
裡袋身（正面）
（母）
16
10

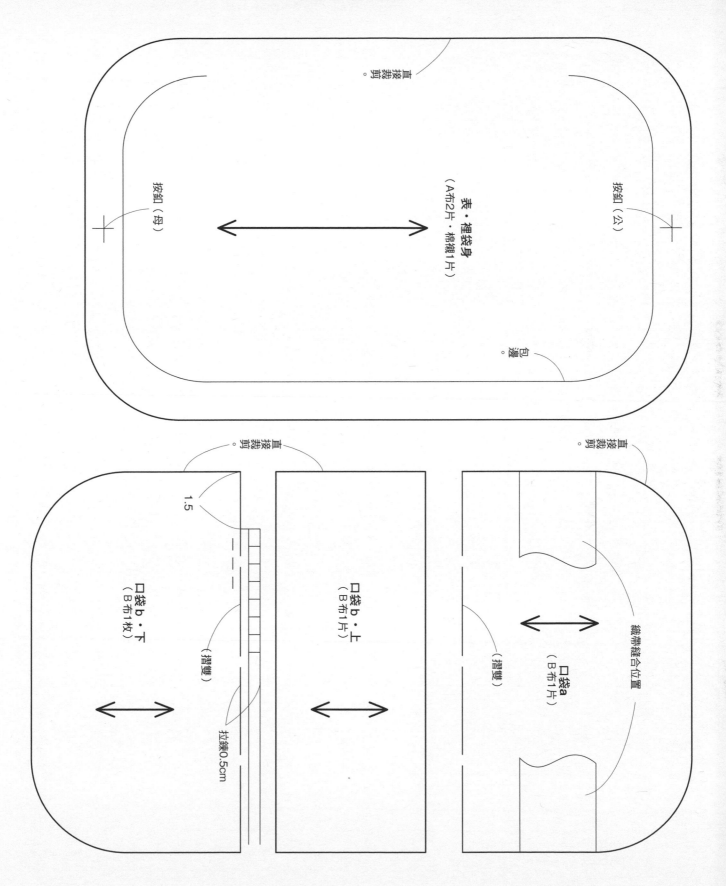

表・裡袋身
（A布2片・棉襯1片）

按釦（母）

按釦（公）

直接裁剪。

包邊。

直接裁剪。

直接裁剪。

1.5

口袋b・下
（B布1枚）

口袋b・上
（B布1片）

口袋a
（B布1片）

（摺雙）

（摺雙）

拉鍊0.5cm

織帶縫合位置

■ 43の材料
A布（條紋針織布） 20×30cm
B布（素色棉布） 15×20cm
棉襯 25×20cm
織帶（20mm寬） 1m
魔鬼氈（25mm寬） 2.5cm
◆製圖不含縫份。
請另加1cm縫份之後再裁剪布料。
◆棉襯直接裁剪，不需另加縫份。

■ 45の材料
A布（點點鋪棉布） 15×20cm
B布（素色麻布） 20×30cm
魔鬼氈（25mm寬） 2.5cm
◆製圖不含縫份。
請另加1cm縫份之後再裁剪布料。

袋蓋（A布2片 棉襯1片）

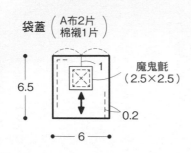

裡袋蓋 表袋蓋

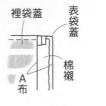

B布

袋蓋（B布2片）

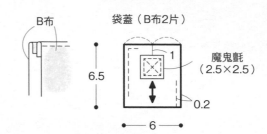

43の製圖 　表袋身（A布1片・棉襯1片）
　　　　　　裡袋身（B布1片）

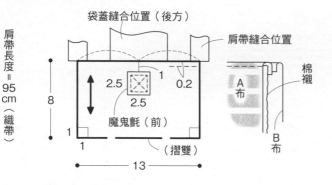

45の製圖 　表袋身（A布1片）
　　　　　　裡袋身（B布1片）

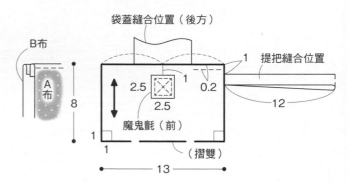

 作法 （共通）

◆開始製作之前◆作品43要先在A布上燙貼有膠棉襯。

1 縫製提把。（只有**45**）

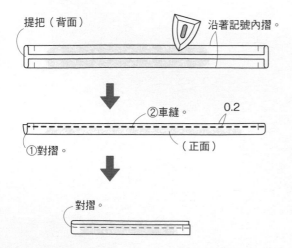

提把（B布1片）　　　山摺線

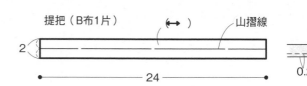

2 車縫表袋身的脇邊線。

〈43の作法〉　　　〈45の作法〉

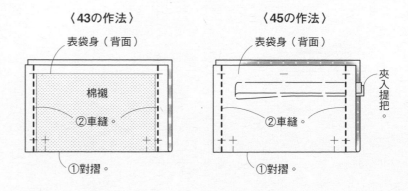

3 車縫裡袋身的脇邊線。

② 車縫。

預留4cm的返口不縫。

裡袋身（背面）

① 對摺。

4 車縫袋底摺角側幅。（裡袋身作法亦同）

① 打開縫份。

表袋身（背面）

② 車縫。

5 縫製袋蓋。

有膠棉襯（只有**43**）

裡袋蓋（正面）

車縫。

表袋蓋（背面）

0.2

① 翻回正面。

② 車縫。

表袋蓋（正面）

6 縫合裡袋身＆表袋身。

夾入肩背帶。（只有**43**）

夾入袋蓋。

① 重疊表袋身＆裡袋身。

表袋身（背面）

② 車縫。

裡袋身（背面）

7 縫合返口＆袋口。

① 翻回正面。

0.2

③ 車縫。

② 縫合。

裡袋身（正面）

8 翻回正面縫上魔鬼氈。

② 縫上魔鬼氈

43

① 翻回正面。

7

2

11

完成！

45

7

2

11

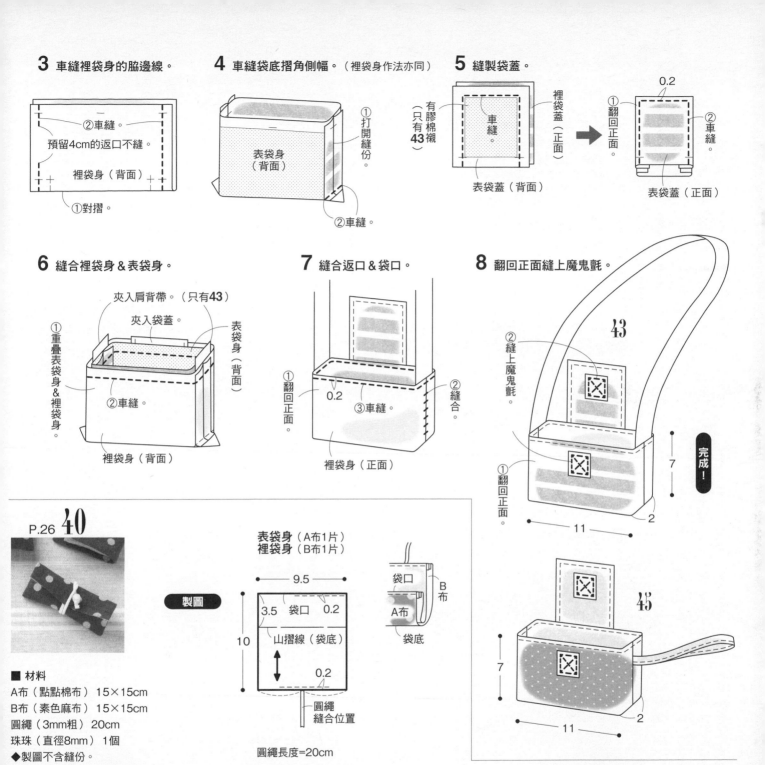

P.26 **40**

■ 材料
A布（點點棉布） 15×15cm
B布（素色麻布） 15×15cm
圓繩（3mm粗） 20cm
珠珠（直徑8mm） 1個
◆製圖不含縫份。
請另加1cm縫份之後再裁剪布料。

表袋身（A布1片）
裡袋身（B布1片）

製圖

9.5

3.5 袋口 0.2

10

山摺線（袋底）

0.2

圓繩縫合位置

圓繩長度=20cm

袋口

B布

A布

袋底

作法

裡袋身（正面）

車縫。

表袋身（背面）

袋口

① 翻回正面車縫。

0.2

裡袋身（背面）

表袋身（正面）

② 反摺至袋底位置。

① 裡袋縫份突出0.2mm。

0.2

夾入圓繩。

預留4cm返口不縫。

② 車縫。

表袋身（背面）

袋底

完成！

② 車縫。

0.2

① 翻回正面。

3

3.5

③ 穿過珠珠之後打結。

9.5

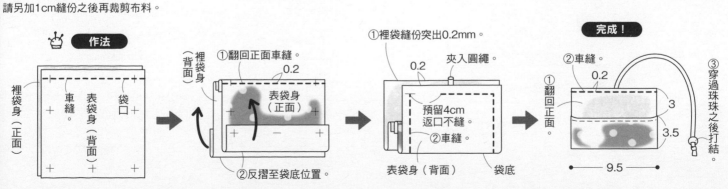

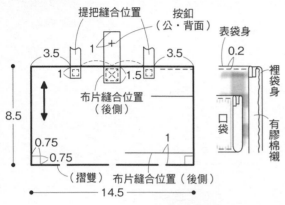

■ 材料
A布（格子棉布） 20×20cm
B布（條紋棉布） 25×30cm
有膠棉襯 20×20cm
按釦（直徑10mm） 1組
◆製圖不含縫份。
請另加0.5cm縫份之後再裁剪布料。
◆裁剪有膠棉襯不須另加縫份。

製圖

表袋身（A布1片）　裡袋身（B布1片·有膠棉襯1片）

提把縫合位置
按釦（公·背面）
布片縫合位置（後側）
3.5　1　3.5
1　1.5
8.5
0.75
0.75　1
（摺雙）　布片縫合位置（後側）
14.5

表袋身
0.2
裡袋身
口袋
有膠棉襯

口袋（B布1片）
5
0.2
0.2
（摺雙）
14.5

提把（B布2片）
山摺線
16
0.2
1
2

布環（B布1片）
4.5
山摺線
3
0.2
1.5

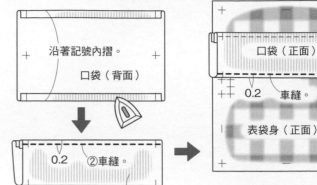

作法　**1** 縫製＆縫合口袋。

沿著記號內摺。
口袋（背面）

0.2　②車縫。
①對摺。　口袋（正面）

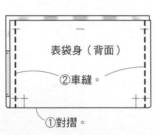
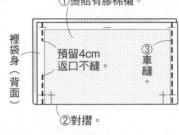

口袋（正面）
0.2　車縫
表袋身（正面）

2 車縫表袋身脇邊線。

表袋身（背面）
②車縫。
①對摺。

3 車縫裡袋身脇邊線。

①邊貼有膠棉襯。
裡袋身（背面）
預留4cm返口不縫。
③車縫
②對摺。

4 車縫袋底側幅。（表袋身亦同）

裡袋身（背面）
①打開縫份。
②車縫。

5 縫合表袋身＆裡袋身。

②車縫。　表袋身（背面）
①重疊表袋身＆裡袋身。
裡袋身（背面）

6 縫合返口。

③車縫。　0.2
裡袋身（正面）
②縫合。
①翻回正面。

7 縫製布片。

沿著記號內摺。
布片（背面）
①對摺。
（正面）0.2
②車縫。

8 縫製提把。

提把（背面）
沿著記號內摺。
①對摺。
0.2
（正面）
②車縫。

9 縫上布片＆提把。

布環
提把
①翻回正面。
②車縫。
口袋（正面）

完成！

10 縫上按釦。

按釦（公）
約7.5
前側
按釦（母）
1.2
13　1.5

■ 材料
A布（印花棉布）20×30cm
B布（素色麻布）20×15cm
裡布（條紋棉布）30×20cm
有膠棉襯（薄）30×20cm
彈簧口金（直徑10cm）1組
◆製圖不含縫份。
請另加1cm縫份之後再裁剪布料。

製圖

袋口布（B布2片）　山褶線

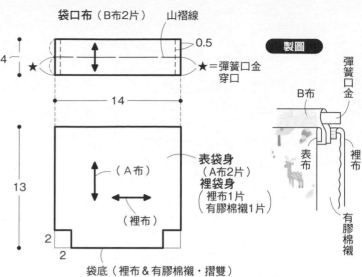

0.5
4
★　★＝彈簧口金穿口

彈簧口金
B布
表布
裡布
有膠棉襯

14

13
表袋身（A布2片）
裡袋身（裡布1片　有膠棉襯1片）
（A布）
（裡布）

2
2
袋底（裡布＆有膠棉襯・摺雙）

作法

1 車縫表袋身脇邊線＆袋底＆袋底側幅。

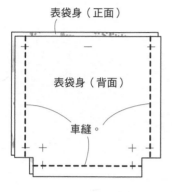

表袋身（正面）
表袋身（背面）
車縫。

表袋身（背面）
①打開。
②車縫。

2 車縫裡袋身脇邊線＆袋底側幅，再內摺袋口。

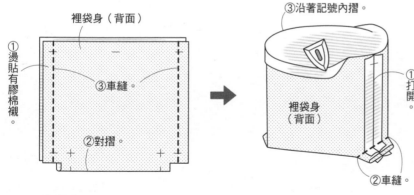

裡袋身（背面）
①燙貼有膠棉襯。
③車縫。
②對摺。

③沿著記號內摺。
裡袋身（背面）
①打開。
②車縫。

3 縫製袋口布。

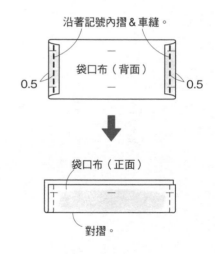

沿著記號內摺＆車縫。
袋口布（背面）
0.5　0.5

袋口布（正面）
對摺。

4 縫合表袋身＆袋口布。

車縫。
袋口布（正面）
表袋身（正面）

5 將袋口布縫到裡袋上。

袋口布（正面）
縫合。
裡袋身（正面）

6 穿入彈簧口金。

穿入口金＆插入螺絲固定。
13
10
4

完成！

P.32 **47**　　P.33 **48**

■ 47・48の材料（1個）
A布（印花棉布）30×20cm
B布（素色麻布）15×20cm
裡布（印花棉布）35×20cm
織帶（18mm寬）20cm
47 鈕釦（直徑11mm）2個
47 鬆緊繩（2mm粗）10cm
48 鈕釦（18×15mm）1個
48 繫繩（織帶・5mm寬）40cm

◆製圖不含縫份。
請另加1cm縫份之後再裁剪布料。

製図

48繫繩長度＝40cm

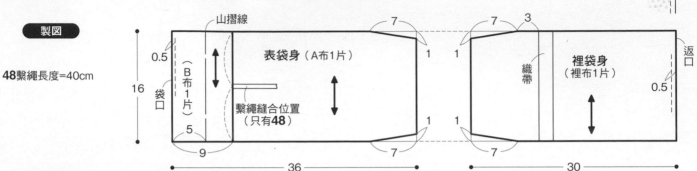

山摺線

0.5

16

袋口

（B布1片）

5

9

表袋身（A布1片）

繫繩縫合位置（只有48）

7　1

1　7

7　1

1　7

3

織帶

裡袋身（裡布1片）

返口

0.5

36

30

作法　（共通）

1 車縫袋口、返口、表袋身的拼接線。

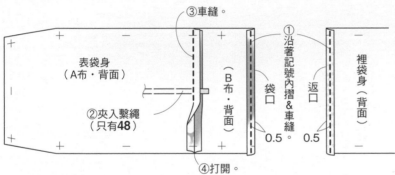

表袋身（A布・背面）

②夾入繫繩（只有48）

④打開。

③車縫。

（B布・背面）

袋口

0.5

①沿著記號內摺＆車縫

返口

0.5

裡袋身（背面）

2 夾入織帶，縫合表袋身＆裡袋身。

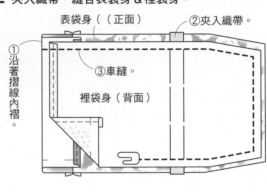

表袋身（（正面）

②夾入織帶。

③車縫。

①沿著摺線內褶。

裡袋身（背面）

3 翻回正面＆縫上鈕釦。

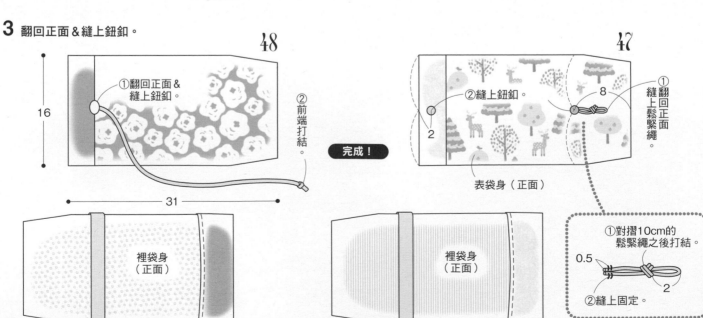

48

①翻回正面＆縫上鈕釦。

16

31

②前端打結。

完成！

裡袋身（正面）

47

②縫上鈕釦。

2

①翻回縫上鬆緊繩。

8

表袋身（正面）

裡袋身（正面）

①對摺10cm的鬆緊繩之後打結。

0.5

②縫上固定。

2

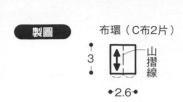製圖

表袋身

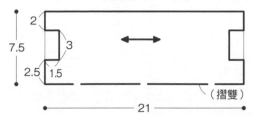

布環（C布2片）

3

山摺線

2.6

0.2
1.3

拉鍊20cm

0.5　　　0.5　　　0.5

2

3.5　　1.5
　　　1.5

（A布2片）

（B布1片）

4
2.5　1.5

（摺雙）

21

拉鍊　縫合

A布
C布

B布

裡袋身（C布1片）

2

7.5　　3

2.5　1.5

（摺雙）

21

■ 材料
A布（印花棉布） 15×25cm
B布（素色麻布） 10×25cm
C布（印花棉布） 20×30cm
拉鍊（20cm） 1條
◆製圖不含縫份。
請另加1cm縫份之後再裁剪布料。

作法

1 將拉鍊縫在表袋身上。

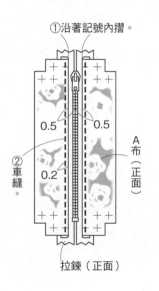

①沿著記號內摺。

0.5　0.5

②車縫。

0.2

A布（正面）

拉鍊（正面）

2 縫製布環。

布環（背面）

沿著記號內摺。

①對摺。

②0.2車縫
1.3

對摺。

3 夾入布環，車縫拼接線。

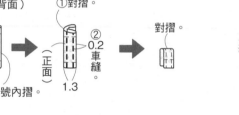

夾入布環。

車縫。　車縫。

車縫。

A布（正面）　　B布（背面）

4 車縫表袋身脇邊線。

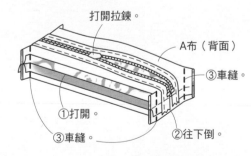

打開拉鍊。

A布（背面）

③車縫。

①打開。

③車縫。

②往下倒。

5 縫製裡袋身。

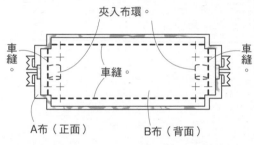

①內摺。　裡袋身（背面）

1.2

②內摺。

③車縫。

6 車縫裡袋身脇邊線。

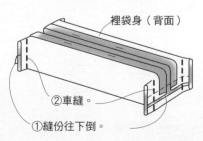

裡袋身（背面）

②車縫。

①縫份往下倒。

7 將裡袋身與表袋身縫合。

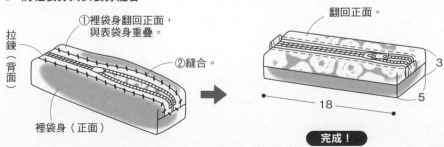

①裡袋身翻回正面，與表袋身重疊。

拉鍊（背面）

②縫合。

裡袋身（正面）

翻回正面。

3
18
5

完成！

■ 材料
表布（格子棉布）20×25cm
裡布（印花棉布）20×25cm
拉鍊（20cm）1條
織帶（18mm寬）5cm
手縫線（MOCO）紅色
◆製圖不含縫份。
請另加1cm縫份之後再裁剪布料。

製圖

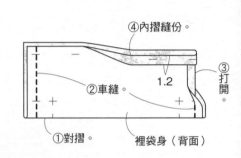

拉鍊20cm
0.5   0.5
0.2   1.5
布環（織帶）
8
表袋身（表布1片）
裡袋身（裡布1片）
2
2   1
（摺雙）
21

拉鍊 縫合
表布
裡布

 作法

1 將拉鍊縫在表袋身上。

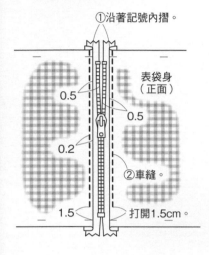

①沿著記號內摺。
表袋身（正面）
0.5
0.5
0.2
②車縫。
1.5
打開1.5cm。

2 車縫表袋身脇邊線。

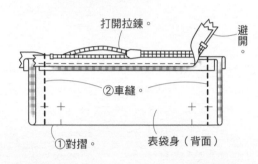

打開拉鍊。
避開。
②車縫。
①對摺。
表袋身（背面）

3 縫製裡袋身脇邊線＆袋口。

④內摺縫份。
②車縫。
1.2
③打開。
①對摺。
裡袋身（背面）

4 車縫袋底側幅＆倒向袋底側。
（裡袋身亦同）

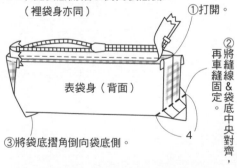

①打開。
②將縫線＆袋底中央對齊，再車縫固定。
表袋身（背面）
4
③將袋底摺角倒向袋底側。

5 翻回正面之後拉出拉鍊＆摺製織帶。

①翻回正面之後拉出拉鍊。
②摺往背裡。
表袋身（正面）
1
織帶5cm
1
3
內摺。
1

6 以織帶包住＆縫合拉鍊尾端。

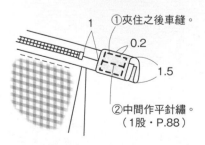

①夾住之後車縫。
1
0.2
1.5
②中間作平針繡。
（1股・P.88）

7 將裡袋身與表袋身縫合。

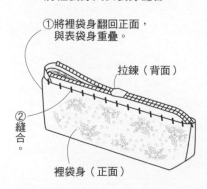

①將裡袋身翻回正面，與表袋身重疊。
拉鍊（背面）
②縫合。
裡袋身（正面）

8 翻回正面。

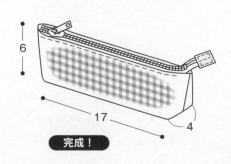

6
17
4

完成！

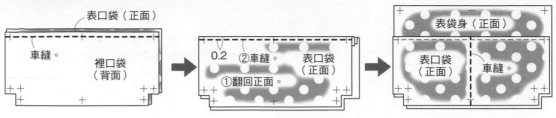

作法 **1** 製作＆縫上口袋。

表口袋（正面）
車縫。
裡口袋（背面）

0.2
②車縫。
①翻回正面。
表口袋（正面）

表袋身（正面）
表口袋（正面）
車縫。

2 車縫表袋脇邊線＆袋底＆袋底側幅。

表袋身（正面）
表袋身（背面）
車縫。

表袋身（背面）
②車縫。
①打開。

■ 材料
A布（點點棉布） 30×55cm
B布（格子棉布） 35×50cm
織帶（20mm寬） 60cm
◆製圖不含縫份。
請另加1cm縫份之後再裁剪布料。

製圖

表袋身（A布2片）
裡袋身（B布1片）

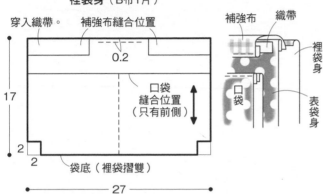

穿入織帶。
補強布縫合位置
0.2
口袋
縫合位置
（只有前側）
17
2
2
袋底（裡袋摺雙）
27

補強布
織帶
補強布
裡袋身
口袋
表袋身

3 縫製裡袋身。

②車縫。
預留8cm返口不縫。
③打開。
①對摺。
④車縫。
裡袋身（背面）

4 縫製補強布。

②對摺。
③車縫0.5cm。
①對摺。
補強布（背面）

5 縫合表袋身＆補強布＆裡袋身。

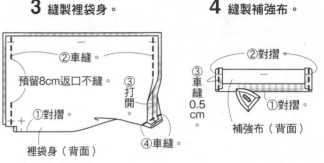

表袋身（背面）
補強布（正面）
沿著記號邊緣疏縫。

①重疊表袋身＆裡袋身。
②車縫。
表袋身（背面）
裡袋身（背面）

表口袋（A布1片）
裡口袋（B布1片）

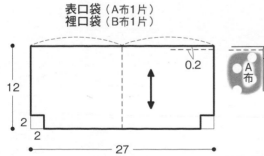

0.2
12
2
2
27

A布
B布

補強布（B布2片）

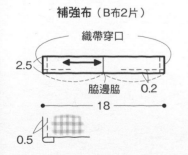

織帶穿口
2.5
脇邊脇
0.2
18
0.5

6 縫合返口＆袋口。

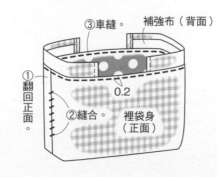

③車縫。
補強布（背面）
①翻回正面。
②縫合。
0.2
裡袋身（正面）

7 縫合固定補強布，穿過織帶。

③穿過58cm的織帶之後，重疊2cm縫合固定。
②車縫。
①翻回正面。
0.2
15
23
4

2
車縫。
將接縫處藏在脇邊比較不明顯。

完成！

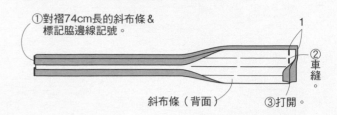

■ 材料
表布（印花棉布）35×45cm
裡布（素色麻布）35×45cm
斜布條（包邊用‧10mm寬）1m20cm
◆製圖不含縫份。除了指定部位以外，
請另加1cm縫份之後再裁剪布料。
◆原寸紙型請見P.83。

作法　**1** 縫製提把用斜布條。

①對摺74cm長的斜布條＆
標記脇邊線記號。

1
②車縫。
③打開。
斜布條（背面）

2 摺疊好褶襉之後車縫固定，再車縫脇邊線＆袋底。（裡袋作法亦同）

摺疊好褶襉之後車縫固定。

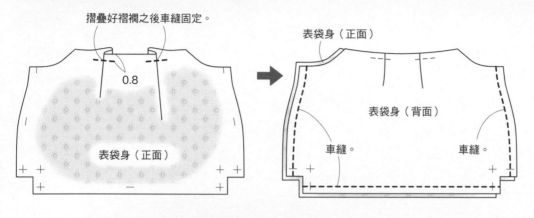

0.8
表袋身（正面）

表袋身（正面）
表袋身（背面）
車縫。　車縫。

3 車縫袋底側幅。
（裡袋身作法亦同）

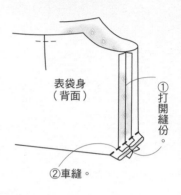

表袋身
（背面）
①打開縫份。
②車縫。

4 以斜布條在袋口包邊。

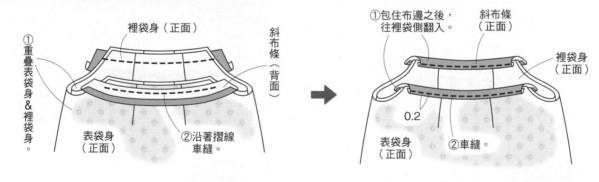

裡袋身（正面）
斜布條（背面）
①重疊表袋身＆裡袋身。
表袋身（正面）
②沿著摺線車縫。

①包住布邊之後，往裡袋側翻入。
斜布條（正面）
裡袋身（正面）
0.2
②車縫。
表袋身（正面）

5 包覆脇邊弧線，並同時製作成提把。

完成！

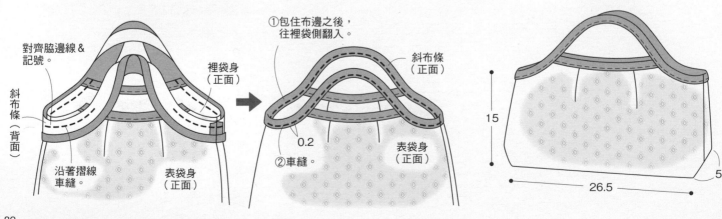

對齊脇邊線＆記號。
斜布條（背面）
裡袋身（正面）
沿著摺線車縫。
表袋身（正面）

①包住布邊之後，往裡袋側翻入。
斜布條（正面）
0.2
②車縫。
表袋身（正面）

15
26.5
5

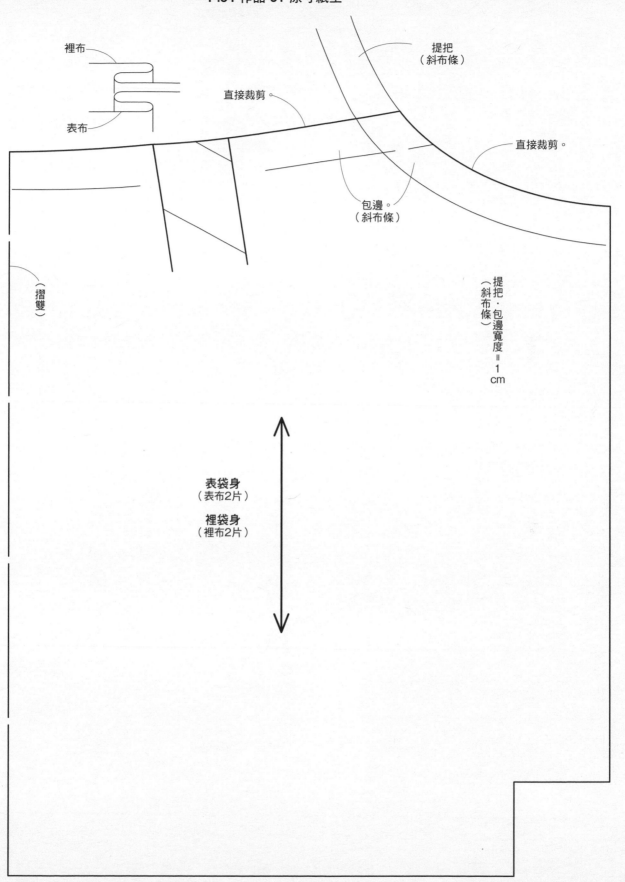

裡布

表布

直接裁剪。

提把
（斜布條）

直接裁剪。

包邊。
（斜布條）

（摺雙）

提把・包邊寬度
＝
1
cm
（斜布條）

表袋身
（表布2片）

裡袋身
（裡布2片）

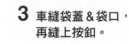

■ 材料
表布（條紋厚棉布）25×45cm
裡布（牛仔布）25×45cm
織帶（20mm寬）1m40cm
按釦（直徑11mm）1組
◆製圖不含縫份。
請另加1cm縫份之後再裁剪布料。

👑 **作法** **1** 車縫袋口。

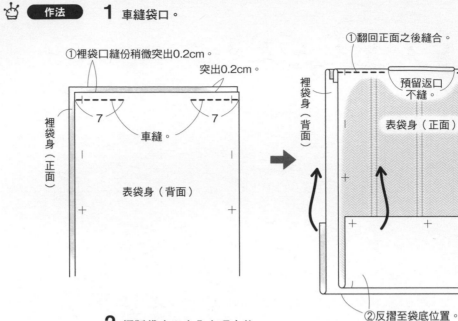

①裡袋口縫份稍微突出0.2cm。

突出0.2cm。

裡袋身（正面）

7　車縫。　7

表袋身（背面）

①翻回正面之後縫合。

0.2

預留返口
不縫。

裡袋身（背面）

表袋身（正面）

②反摺至袋底位置。

2 摺製袋底＆夾入布環之後，
車縫脇邊線＆袋蓋。

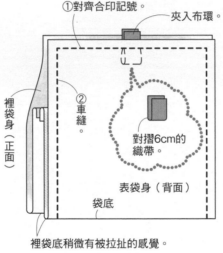

①對齊合印記號。　夾入布環。

②車縫。

裡袋身（正面）

對摺6cm的織帶。

表袋身（背面）

袋底

裡袋底稍微有被拉扯的感覺。

3 車縫袋蓋＆袋口，
再縫上按釦。

0.2　③縫上按釦。

①翻回正面。

（公）

表袋身（正面）

（母）

②車縫。

製圖

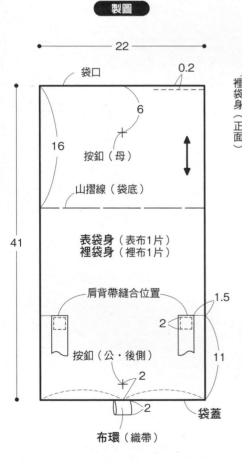

22

袋口　0.2

6

16

按釦（母）

山摺線（袋底）

41

表袋身（表布1片）
裡袋身（裡布1片）

肩背帶縫合位置

1.5

2

按釦（公・後側）

11

2

2

布環（織帶）

袋蓋

肩背帶（織帶）長度=133cm

4 縫上肩背帶。

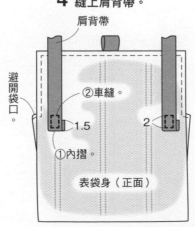

肩背帶

避開袋口。

②車縫。

1.5　2

①內摺。

表袋身（正面）

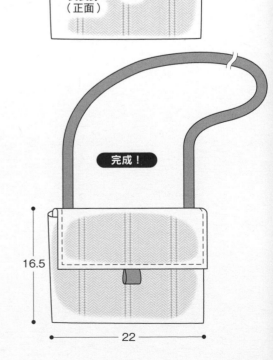

完成！

16.5

22

■ 54·55の材料（1個）

A布（**54** 素色厚棉布·**55** 點點厚棉布） 25x50cm
B布（**54** 條紋棉布·**55** 點點棉布） 15x50cm
織帶（20mm寬） 1m30cm
拉鍊（20cm） 1條

◆製圖不含縫份。
請依照○內的尺寸另加縫份之後再裁剪布料。

作法

1 製作＆縫上口袋。

往裡側摺。
往外側摺。
口袋口
車縫。
口袋（背面）
袋底

翻回正面。

口袋（前側·正面）

製圖

內口袋（B布1片）

口袋口
山摺線（袋底）
口袋口
（摺雙）
袋底

23
12
10

肩背帶縫合位置（後側）
拉鍊
內口袋縫合位置（後側）
袋身（A布1片）
（摺雙）

2
0.5
3
22
1.5
1.5
21
2

拉鍊
貼邊2cm。
重疊1cm車縫。
0.2
袋身
內口袋

Z字形車縫。
袋身（後側·背面）
①重疊1cm。
②車縫。
0.5
口袋（後側·正面）

2 縫上拉鍊。

沿著記號內摺。
袋身（後側·背面）
①重疊0.5cm。
0.2
0.2
②車縫。
袋身（後側·正面）
拉鍊（正面）

3 車縫脇邊線。

打開拉鍊。
②車縫。
袋身（背面）
①對摺。

4 車縫袋底側幅。

①打開。
袋身（背面）
②車縫。

5 縫上肩背帶。

肩背帶
肩背帶長度＝130cm（織帶）
②車縫。
①摺入1.5cm。
後側
袋身（正面）
3
18
約21.5

55
54
後側
後側

完成！

■ 材料
A布（蕾絲布） 20×40cm
B布（素色麻布） 40×25cm
蕾絲（20mm寬） 40cm
織帶（5mm寬） 1m20cm
◆A布背面以B布作為內裡補強
◆紙型不含縫份。
請另加1cm縫份之後再裁剪布料。

原寸紙型

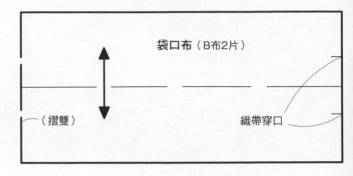

袋口布（B布2片）

（摺雙）　　　　　　　織帶穿口

作法

1 重疊A布＆B布，
縫上蕾絲。

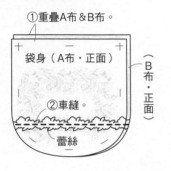

①重疊A布＆B布。
袋身（A布・正面）
（B布・正面）
②車縫。
蕾絲

2 將4片袋身布料
疊在一起車縫。

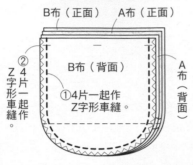

B布（正面）　A布（正面）
②4片一起作Z字形車縫。
B布（背面）
①4片一起作Z字形車縫。
A布（背面）

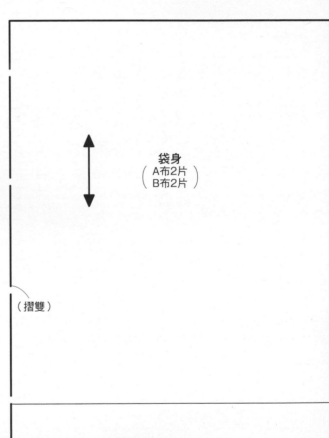

袋身
（A布2片
B布2片）

（摺雙）

蕾絲縫合位置

3 縫製袋口布。

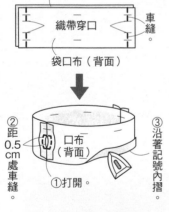

袋口布（正面）
織帶穿口
車縫。
袋口布（背面）

②距0.5cm處車縫。
口布（背面）
①打開。
③沿著記號內摺。

4 縫合袋口布＆袋身。

②縫份倒向一側。　④車縫。
③疊上袋口布。
袋口布（背面）
①翻回正面。
袋身（A布・正面）

〈織帶穿法〉

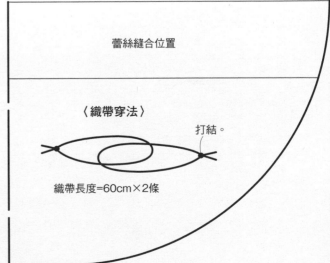

打結。

織帶長度＝60cm×2條

5 袋口布往裡側摺入＆
車縫固定。

①摺向裡側。
0.2
②從正面側車縫。
袋口布（正面）
（B布・背面）

6 織帶穿過袋口布。

完成！

②穿入織帶。
③打結。
①翻回正面。

19
17

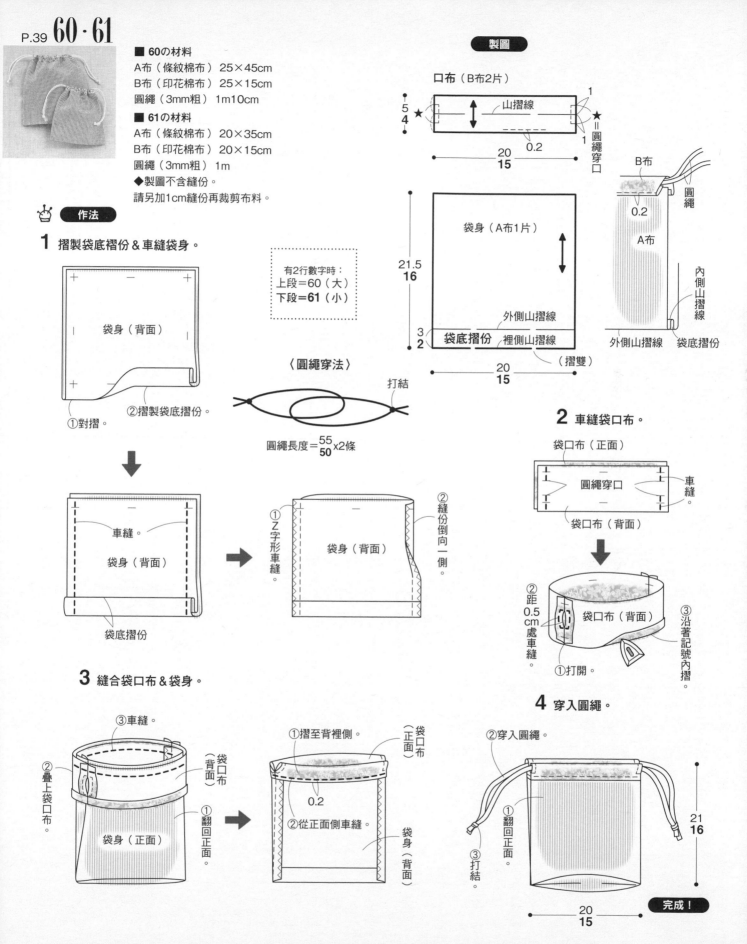

■ 60の材料
A布（條紋棉布）25×45cm
B布（印花棉布）25×15cm
圓繩（3mm粗）1m10cm

■ 61の材料
A布（條紋棉布）20×35cm
B布（印花棉布）20×15cm
圓繩（3mm粗）1m

◆製圖不含縫份。
請另加1cm縫份再裁剪布料。

製圖

口布（B布2片）

山摺線

★ = 圓繩穿口

袋身（A布1片）

外側山摺線
裡側山摺線
袋底摺份
（摺雙）

作法

1 摺製袋底摺份＆車縫袋身。

有2行數字時：
上段＝60（大）
下段＝61（小）

袋身（背面）

①對摺。
②摺製袋底摺份。

車縫。
袋身（背面）

①Z字形車縫。
②縫份倒向一側。

袋底摺份

〈圓繩穿法〉

打結

圓繩長度＝55／50 x2條

2 車縫袋口布。

袋口布（正面）
圓繩穿口
車縫。
袋口布（背面）

①打開。
②距0.5cm處車縫。
③沿著記號內摺。

袋口布（背面）

B布
圓繩
A布
內側山摺線
外側山摺線
袋底摺份

3 縫合袋口布＆袋身。

③車縫。
②疊上袋口布。
袋口布（背面）
①翻回正面。
袋身（正面）

①摺至背裡側。
袋口布（正面）
②從正面側車縫。
袋身（背面）

4 穿入圓繩。

②穿入圓繩。
①翻回正面。
③打結。

P.26 作品 38・P.27 作品41の袋蓋原寸紙型

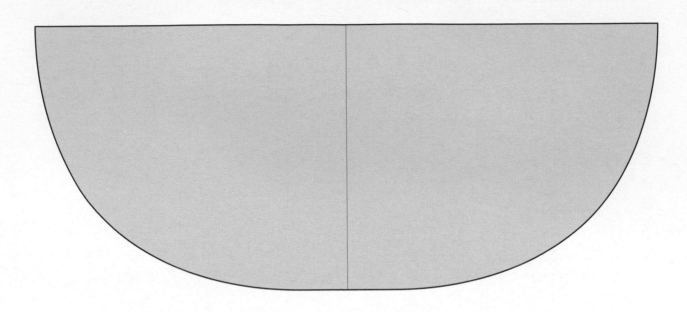

圓の原寸紙型

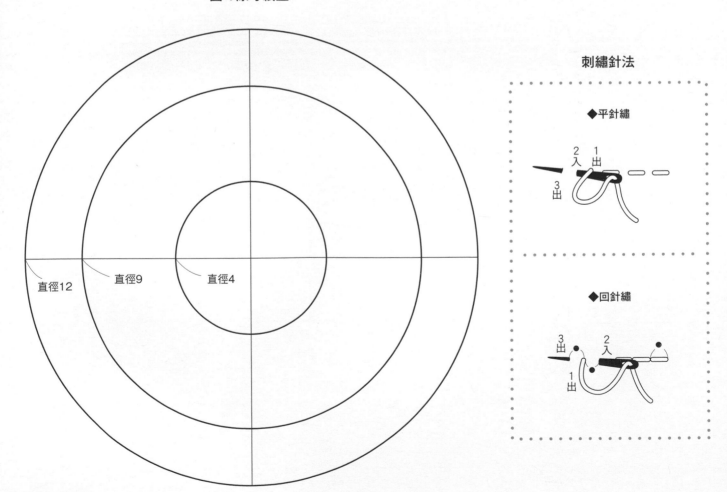

直徑12　直徑9　直徑4

刺繡針法

◆平針繡

2　1
入　出
3
出

◆回針繡

3　　　2
出　　　入
1
出

🧵 輕·布作 25

完整教學！短時間完成！

自己輕鬆作簡單&可愛の收納包（暢銷版）
從基本款開始學作61款手作包

作　　　者／BOUTIQUE-SHA
譯　　　者／苡蔓
發 行 人／詹慶和
總 編 輯／蔡麗玲
執行編輯／陳姿伶
編　　　輯／蔡毓玲·劉蕙寧·黃璟安·李佳穎·李宛真
美術編輯／陳麗娜·周盈汝·韓欣恬
內頁排版／造極
出 版 者／Elegant-Boutique新手作
發 行 者／悅智文化事業有限公司　　郵政劃撥帳號／19452608
戶　　　名／悅智文化事業有限公司
地　　　址／220新北市板橋區板新路206號3樓
網　　　址／www.elegantbooks.com.tw
電子郵件／elegant.books@msa.hinet.net
電　　　話／(02)8952-4078
傳　　　真／(02)8952-4084

2018年4月二版一刷　定價280元

Lady Boutique Series No.3712
Sukoshi no JIkan de Dekichau Kantan Kawaii Pouch to komono
Copyright © 2014 Boutique-sha, Inc.
All rights reserved.
Original Japanese edition published in Japan by BOUTIQUE-SHA.
Chinese（in complex character）translation rights arranged with BOUTIQUE-SHA
through KEIO CULTURAL ENTERPRISE CO., LTD.

經銷／易可數位行銷股份有限公司
地址／新北市新店區寶橋路235 巷6 弄3 號5 樓
電話／(02)8911-0825
傳真／(02)8911-0801

國家圖書館出版品預行編目(CIP)資料

完整教學！短時間完成！：自己輕鬆作簡單&可愛的收納包：從基本款開始學作61款手作包 / BOUTIQUE-SHA著；苡蔓譯. -- 二版. -- 新北市：新手作出版：悅智文化發行, 2018.04
　面；　公分. -- (輕.布作；25)
ISBN 978-986-96076-4-3(平裝)

1.手提袋 2.手工藝

426.7　　　　　　　　　　107004283

Staff

編集／高橋ひとみ　坪明美

攝影／山本倫子

布置／梅宮真紀子

插圖／たけうちみわ（trifle-biz）

Elegantbooks 以閱讀，享受幸福生活

輕·布作 06

簡單×好作！
自己作365天都好穿的手作裙
BOUTIQUE-SHA◎著
定價280元

輕·布作 07

自己作防水手作包&布小物
BOUTIQUE-SHA◎著
定價280元

輕·布作 08

不用轉彎！直直車下去就對了！
直線車縫就上手的手作包
BOUTIQUE-SHA◎著

輕·布作 09

人氣No.1！
初學者最想作的手作布錢包A⁺
一次學會短夾、長夾、立體造型、L型、
雙拉鍊、肩背式錢包！
日本Vogue社◎著
定價300元

輕·布作 10

家用縫紉機OK！
自己作不退流行的帆布手作包
赤峰清香◎著
定價300元

輕·布作 11

簡單作×開心縫！
手作異想熊裝可愛
異想熊·KIM◎著
定價350元

輕·布作 12

手作市集超夯布作全收錄！
簡單作可愛&實用的超人氣布
小物232款
主婦與生活社◎著
定價320元

輕·布作 13

Yuki教你作34款Q到不行的不織布雜貨
不織布就是裝可愛！
YUKI◎著
定價300元

輕·布作 14

一次解決縫紉新手的入門難題
初學手縫布作の最強聖典
每日外出包×布作小物×手作服＝29枚
實作練習
高橋惠美子◎著
定價350元

輕·布作 15

手縫OK的可愛小物
55個零碼布驚喜好點子
BOUTIQUE-SHA◎著
定價280元

輕·布作 16

零碼布×簡單作──繽紛手縫系可愛娃娃
I Love Fabric Dolls
法布多の百變手作遊戲
王美芳·林詩齡·傅琪珊◎著
定價280元

輕·布作 17

女孩の小優雅·手作口金包
BOUTIQUE-SHA◎著
定價280元

輕·布作 18

點點·條紋·格子（暢銷增訂版）
小白◎著
定價350元

輕·布作 19

可愛ろ？！
半天完成的棉麻手作包×錢包
×布小物
BOUTIQUE-SHA◎著
定價280元

輕·布作 20

自然風穿搭最愛的39個手作包
－點點·條紋·印花·素色·格紋
BOUTIQUE-SHA◎著
定價280元

輕·布作 21

超簡單x超有型－自己作日日都
好背的大布包35款
BOUTIQUE-SHA◎著
定價280元

輕·布作 22

零碼布裝可愛！超可愛小布包
×雜貨飾品×布小物──
最實用手作提案CUTE.90
BOUTIQUE-SHA◎著
定價280元

輕·布作 23

俏皮&可愛·so sweet！愛上零
碼布作的41個手縫布娃娃
BOUTIQUE-SHA◎著
定價280元

雅書堂 EB 新手作

雅書堂文化事業有限公司
22070新北市板橋區板新路206號3樓
facebook 粉絲團:搜尋 雅書堂
部落格 http://elegantbooks2010.pixnet.net/blog
TEL:886-2-8952-4078 · FAX:886-2-8952-4084

輕·布作 24

簡單×好作
初學35枚和風布花設計
福清◎著
定價280元

輕·布作 25

從基本款開始學作61款手作包
自己輕鬆作簡單&可愛の收納包
(暢銷版)
BOUTIQUE-SHA◎授權
定價280元

輕·布作 26

製作技巧大破解!
一作就愛上的可愛口金包
日本ヴォーグ社◎授權
定價320元

輕·布作 28

實用滿分·不只是裝可愛!
肩背&手提ok的大容量口金包
手作提案30選
BOUTIQUE-SHA◎授權
定價320元

輕·布作 29

超圖解!
個性&設計感十足の94枚可愛
布作徽章×別針×胸花×小物
BOUTIQUE-SHA◎授權
定價280元

輕·布作 30

簡單·可愛·超開心手作!
袖珍包兒×雜貨的迷你布作小
世界
BOUTIQUE-SHA◎授權
定價280元

輕·布作 31

BAG & POUCH·新手簡單作!
一次學會25件可愛布包＆波奇
小物包
日本ヴォーグ社◎授權
定價300元

輕·布作 32

簡單才是經典!
自己作35款開心背著走的手作布包
BOUTIQUE-SHA◎授權
定價280元

輕·布作 33

Free Style!
手作39款可動式收納包
看波奇包秒變小腰包、包中包、小提包、
斜背包⋯⋯方便又可愛!
BOUTIQUE-SHA◎授權
定價280元

輕·布作 34

實用度最高!
設計感滿點的手作波奇包
日本VOGUE社◎授權
定價350元

輕·布作 35

妙用墊肩作的37個軟Q波奇包
2片墊肩→1個包,最簡便的防撞設
計!化妝包、3C包最佳選擇!
BOUTIQUE-SHA◎授權
定價280元

輕·布作 36

非玩「布」可!挑喜歡的布,作
自己的包
60個簡單&實用的基本款人氣包&布
小物·開始學布作的60個新手練習
本喜よしえ◎著
定價320元

輕·布作 37

NINA娃娃的服裝設計80+
獻給娃媽們～享受換裝、造型、扮演
故事的手作遊戲
HOBBYRA HOBBYRE◎著
定價380元

輕·布作 38

輕便出門剛剛好的人氣斜背包
BOUTIQUE-SHA◎授權
定價280元

輕·布作 39

這個包不一樣!幾何圖形玩創意
超有個性的手作包27選
日本ヴォーグ社◎授權
定價320元

輕·布作 40

和風布花の手作時光
從基礎開始學作和風布花的
32件美麗飾品
かくた まさこ◎著
定價320元

輕·布作 41

玩創意!自己動手作
可愛又實用的
71款生活感布小物
BOUTIQUE-SHA◎授權
定價320元

輕·布作 42

每日的後背包
BOUTIQUE-SHA◎授權
定價320元

SIMPLE